O

The Astronaut
Selection Test Book
星际求职指南

Tim Peake
The European Space Agency

[英] 蒂姆·皮克 欧洲空间局 著

[英] 埃德·格雷斯 绘

施韡 严晨风 译

CBK 湖南科学技术出版社·长沙

图书在版编目（CIP）数据

星际求职指南 / （英）蒂姆·皮克，欧洲空间局著；
施鞸，严晨风译. -- 长沙：湖南科学技术出版社，
2024. 9. -- ISBN 978-7-5710-1714-9

Ⅰ. V527-49

中国国家版本馆 CIP 数据核字第 20246YD224 号

Copyright © ESA/Timothy Peake 2018
Illustrations © Ed Grace
First published as The Astronaut Selection Test Book: Do You Have What it Takes for Space? by
Century, an imprint of Cornerstone. Cornerstone is part of the Penguin Random House group of
companies.

湖南科学技术出版社通过姚氏顾问社获得本书简体中文版中国出版发行权
著作权合同登记号：18-2024-105

XINGJI QIUZHI ZHINAN
星际求职指南

著者
[英] 蒂姆·皮克 欧洲空间局

译者
施鞸　严晨风

出版人
潘晓山

责任编辑
李蓓　金振坤

营销编辑
周洋

装帧设计
邵年 @ 公共劳动

出版发行
湖南科学技术出版社

社址
长沙市芙蓉中路 416 号
泊富国际金融中心 40 楼

网址
http://www.hnstp.com

湖南科学技术出版社
天猫旗舰店网址
http://hnkjcbs.tmall.com

印刷
长沙鸿和印务有限公司

厂址
长沙市望城区普瑞西路 858 号

邮编
410200

版次
2024 年 9 月第 1 版

印次
2024 年 9 月第 1 次印刷

开本
880mm×1230mm 1/32

印张
8.75

字数
181 千字

书号
ISBN 978-7-5710-1714-9

定价
78.00 元

敬第一个登上火星的人,祝你好运!
敬地球上所有使人类太空探索成为可能的人们,谢谢!

你需要稍微走出舒适区，因为你可以做到的比你想象的还要多……我想，如果一个来自爱荷华州农民的女儿都能成为航天员，那么你也可以成为任何你想成为的人。

——佩吉·惠特森（Peggy Whitson）

佩吉·惠特森在太空飞行了665天，创下美国人在太空累计时间最长的纪录。在她美国航天局（NASA）航天员的职业生涯中，她总共进行了十次太空行走，是国际空间站的首位女性指令长。

热身测试

测试1

你好，预备航天员，你在月球上紧急迫降了。

你和另外两名乘组成员原计划到月球基地会合。然而，由于机械故障，你的飞船被迫在偏离航线约50千米的地方着陆。在着陆过程中，飞船和飞船上的大部分设备都损坏了，而你的生存取决于能否到达月球基地，所以现在必须为这次行程选择最关键的物品。好消息是，在月球引力环境下，你可以以大约5千米/时的速度前进；坏消息是，你航天服中的消耗品只能维持八小时。

下面是一张清单，共有15件物品，它们在迫降后依然完好无损。你的任务是，根据它们在让你的乘组到达月球基地的过程中所发挥的重要性进行排序。将数字1写在最重要的物品旁边，将数字2写在第二重要的物品旁边，依此类推，直到将数字15写在最不重要的物品旁边。你有两分钟的时间。天哪，赶紧！

- 一盒火柴。
- 手持GPS接收器。
- 15米长的尼龙绳。
- 航天服的三块备用电池。
- 降落伞绸。
- 三个备用的航天服二氧化碳过滤罐。
- 一盒脱水食品。
- 三个备用的航天服氧气罐。
- 星图。
- 自充气救生筏。
- 磁罗盘。
- 20升水——可以通过航天服的特殊饮水口饮用。
- 两个手持镜子。
- 急救箱，包括医用胶带、剪刀等。
- 太阳能调频收发信机。

测试 2

多亏了专业的优先排序，你们团队安全抵达了月球基地。第二天，你的任务是驾驶月球探测车到达一个有地质价值的考察点，采集珍贵的岩石样本。如果以 72 千米／时的平均速度前进，通常情况下到达目的地需要 9 小时，但是现在日照时间有限，你必须更快到达目的地。如果速度提高 8 千米／时的话，那么到达目的地需要多长时间？

你有一分钟的时间计算出正确答案。不能使用计算器。现在你们团队中已经有四个人做出了自己的估计，如下面的选项 a) ~d) 所述，哪个答案是正确的？

a）8 小时 48 分钟

b）7 小时 50 分钟

c）8 小时 6 分钟

d）8 小时 53 分钟

测试3

干得漂亮！你们团队及时到达了考察位置。不幸的是，月球探测车后方用来吊取岩石的起重机已经损坏，所以你需要设计一个新的滑轮系统。

1.哪种结构对提升400千克的重物更为有利？

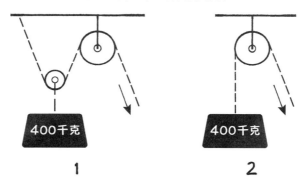

a）1

b）2

c）没有区别

2.在修复起重机的尝试中，地面指挥中心建议你设计一个齿轮电机。他们还给你发了一张系统示意图（见下图）。齿轮1和2的半径相同。如果驱动齿轮1，那么齿轮2的旋转速度有多快？

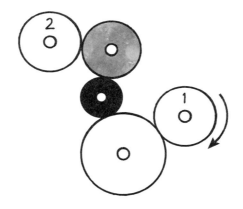

a）与齿轮1一样快
b）比齿轮1快
c）比齿轮1慢
d）齿轮2不动

答案

测试1

正确的排序是：

1.三个备用的航天服氧气罐——它们不仅能用于呼吸，还能保持航天服内的压强。

2.三个备用的航天服二氧化碳过滤罐——没有这些，你可能会二氧化碳中毒，导致失去意识，最终死亡。

3.航天服的三块备用电池——如果没有电源，航天服的冷却和通风系统将出现故障，会让你快速过热、脱水和虚脱。

4.20升水——由于旅途中的极度体力消耗，你需要补充水分。

5.星图——你最主要的导航方式；月球上看到的恒星位置与地球上看到的基本相同。

6.太阳能调频收发信机——虽然它与航天服内部的语音通信系统不兼容，但它可以使用载波信号，通过莫尔斯电码与救援方进行交流；仅限于短距离传输。

7.两个手持镜子——发送信号和通信的第二种方法，尤其是当团队必须分开时。

8.降落伞绸——用于临时搭建（例如，作为转运无行动能力的乘员的吊床担架，装东西的袋子等），也可提供额外的太阳辐射防护。

9.15米长的尼龙绳——用于攀登障碍物和临时搭建。

10.急救箱——虽然大多数药物不能在航天服内使用，但胶带、剪刀等物品可以用于临时搭建。

11.自充气救生筏——携带笨重（但在引力只有地球1/6的月球上，重量不是大问题）；可以用作担架。

以下物品可以按任何顺序排列，它们对这项任务没有多大用处。

12.手持GPS接收器——在月球上，它不会接收来自GPS卫星的微弱信号；即使能接收到，由于距离太过遥远，用于确定位置的三角测量法的精度仅为几十千米。

13.磁罗盘——月球上没有极化磁场，因此罗盘无法工作，并不能帮助你导航。

14.一盒脱水食品——无法在航天服内吃东西。

15.一盒火柴——几乎一点儿用也没有；月球上没有氧气来维持燃烧。

测试2

c）8小时6分钟

测试3

1.a）1。结构1更好，因为它是一个动滑轮和一个定滑轮组成的"滑轮组"，可以使抬起重物所需的力减半。（动滑轮可以省一半力，不能改变方向；定滑轮可以改变方向，但不省力。）

2.a）与齿轮1一样快

测试复盘

祝贺你刚刚完成了成为航天员道路上的第一次测试！上述问题都是欧洲空间局（ESA，简称欧空局）严格的航天员选拔测试中的实测题。

你在第一项测试中表现如何？你们团队能活下来吗？该场景旨在测试候选人的环境感知和决策能力。这两项技能对于航天员在动态变化的太空环境中的表现至关重要。只要你运用了良好的逻辑和批判性思维，并及时做出决策，排序并不一定要准确。

在第二项测试中，你是否注意到时间压力增加了答题的难度？这个问题测试航天员的数学心算技能。航天员有时被要求进行瞬间计算，以适应外部变量或任务计划的随时变化。即使航天员不知道确切的数字或答案，他或她也会尝试快速估算。在有压力的情况下，最好的猜测可能关系到你在太空中的生存与否。

你第三项测试都答对了吗？工程及可视化能力对任何航天员来说都极其重要，因为任务通常要求航天员操作或维修他们不能完全看清的设备。此外，他们还必须在微重力环境下操作或维修设备，这会影响他们的感官，因为在失重状态下没有绝对的上升或下降。

这些并不是航天员完成梦寐以求的太空任务所必须具备的唯一技能。为了通过航天员的选拔和培训，候选者必须表现出领导能力、出色的团队合作能力、记忆力、专注力、视觉感知力、外语能力（尤其是俄语）、操作技能、技术能力和身体健康等素质。简言之，航天员必须是一个无所不能的人：既是飞行员，也是乘客；既是医生，也是病人；既是科学家，也是研究对象；既是探索者，也是追随者。

序言

现在你手里的这本书，就是我申请成为航天员时希望得到的那本手册。

航天员是一份独一无二的工作。在地球上曾经生活过的1000亿人中，只有557人去过太空（截至本书写作时）[1]。虽然它通常会在梦想职业的清单中名列前茅，但是可供选择的职位数量并不多。2008年，我和成千上万人一起申请，但只有六个人成功。这是欧洲十年来第一次航天员选拔。你不能在大学里学到如何成为一名航天员。职业顾问也很难给你推荐一条靠谱的职业发展路线，因为根本就没有。

尽管成为一名航天员并不容易——事实上，这是我所做过的最艰难的事——但现在正是考虑成为太空人的最佳时机。我们正处在一个极其激动人心的登陆月球、火星甚至其他星球的当口。我们的技术正在快速进步，关于长时间载人航天飞行的科学也在快速进步。多亏了国际航天机构和私营航天公司的密切合作，太空座席可能很快就会比以往任何时候都多。

1　截至 2024 年 5 月 19 日，共有 657 人去过太空。——编者注

本书旨在揭开航天员选拔和培训过程的神秘面纱，确认和测试候选者是否符合现今作为一名航天员的要求。本书严格遵循最近的欧空局航天员选拔测试步骤和标准，以及随后的培训计划。

本书以测试与指南相结合，包括欧空局航天员在前往国际空间站（ISS）执行任务之前所做的真实谜题、测试和练习，还探索了未来航天员选拔中可能涉及的问题，他们可能将在月球、火星或更远的地方执行为期更长的任务。本书分为四个部分，涵盖了欧空局选拔测试的各个阶段：

第一轮："硬技能"
第二轮："软技能"
第三轮：医学检查
第四轮：任职面试

在第一部分中，你必须战胜选拔过程中最挑剔的阶段之一，才能成为一名航天员。你将接受一系列"硬"技能的测试，并且必须表现出很强的能力。硬技能是种易于衡量的特定能力，通常是不可训练的，尽管你通过后期练习可以有所提高；测试包括视觉感知、视觉记忆、数学、专注力和一些心理状况。

第二部分介绍了航天员选拔过程的其他阶段。在这里，你将了解成为航天员所面临的严格要求——身体、心理和其他常规要求。你可以通过回答2008年欧空局航天员选拔申请表上的问题，来了解欧空局正在寻找什么样的潜在候选人。

在第三部分——一旦你被选中——你将开始航天员培训。这个过程通常需要几年时间，涉及与人类行为和表现相关的多个领域。你将接受"软"技能测试。这些基本上是你自己的个人素质，使你能够与他人良好互动。你的任务包括团队合作练习、生存训练、太空行走（或称舱外活动，EVA）训练、沟通和语言技能，以及在微重力环境下生活和工作的准备。

在第四部分中，我们将展望未来，探索航天员在月球、火星和其他甚至更远的地方的长期任务中面临的独特挑战和要求。我们将研究一些在地球上进行的有趣的隔离实验，以模拟未来的人类太空飞行，例如火星-500（见222页），当时六名乘组成员在模拟航天器中生活了520天，他们与外界的交流受到极大限制。

书中还有两个照片插页。第一个插页描绘了生存训练和洞穴训练（CAVES），这是航天员太空准备工作的一部分。第二个插页介绍了高级训练任务，包括中性浮力训练、极端环境任务行动（NEEMO）、离心机训练和零重力训练。

如果你是个有抱负的航天员，我希望你会觉得这本书有价值，富有挑战性和娱乐性。同样，如果你完全满足于生活在我们美丽的地球上，我也希望你能从繁重的测试和过程中得到一些乐趣。

每一次载人航天任务都要得到地面指挥中心的支持，那是个难以置信的大系统。这本书也不例外，是一本真正的合作书。我与欧空局众多航天员教练员、前航天员共同撰写了这本书。这本书的作者包括(排名不分先后)：心理学家、太空行走教练、航天员选拔和培训协调员、飞行主管、医生、领导力及团队建设专家、求生训练专家、通信专家、机器人和航天器驾驶教练、离心机操作员、语言学家、信息技术(IT)和运营经理、科学家和航天工程师。

在致谢中列出了整个团队，没有他们的全力支持，这本书是不可能完成的。

如何使用这本书

这本书的每一部分都包括一系列航天员测试，难度各不相同。每项测试后都会有谜题和问题的答案，以及评分系统，它会告诉你，你的成绩比起真正的航天员如何。书中也讨论了一些更主观、更开放的答案。

注意：在回答问题之前，请仔细阅读每个问题。航天员必须表现出对细节的高度关注。犯错误的原因往往不是智力上的不足，而是没有掌握真正的问题所在。

这本书的每一部分还包括关于成为航天员的更广泛的背景信息，第三部分中标有"航天员必备"的方框强调了相关的技能或技巧。

我现在要说的就是，祝你好运！你具备进入太空的要求了吗？距离找出答案，还剩5……4……3……2……1！

第一章

选拔过程

第一轮：硬技能

这个测试项目对你的注意力、专注力及身体和心理抗压能力，提出了很高的要求。因此，松弛和健康是最重要的。我们建议不要使用任何药物，因为这些药物可能会对你的认知功能产生不良影响。

——2008年欧空局给预备航天员的选拔测试建议

对于一名预备航天员（或称航天员候选人）来说，第一轮"硬技能"测试主要关注你的认知能力和心理运动表现。"我们正在寻找你大脑的内在模式，"曾参与2008年欧空局航天员选拔过程的前航天员格哈德·蒂勒（Gerhard Thiele）说，"你能消化巨大的信息量吗？你能从非相关信息中选出关键信息吗？你处理这类事情的速度有多快？"

这轮测试分为以下技能组：空间意识、视觉感知、记忆力、技术信息、专注力、英语语言能力、心算与计量练习。你自己试试吧。

你会注意到，有些问题是有时间限制的，它们模拟了ESA测试条件。在2008年航天员选拔测试中，考生被要求回答这一轮的问题，包括六次上机测试，而这只是漫长一天的一部分。当天的日程安排是这样的：

08：00—08：30	注册
08：30—09：00	简介
09：00—09：45	测试1
09：45—09：55	休息
09：55—11：00	测试2
11：00—11：10	休息
11：10—12：10	测试3
12：10—13：10	午休时间
13：10—14：00	测试4
14：00—14：10	休息
14：10—15：25	测试5
15：25—15：35	休息
15：35—17：00	测试6
17：00—18：00	结束

虽然这本书不能完全复制上面所示的测试日程，但请尽量在给出的建议时限内完成。

给新兵的建议

第一轮需要精力高度集中。我建议在不同类型的问题之间稍作休息，就像我2008年参加测试时一样。尽管这点时间可能太短，无法充分休息，不足以为下一次评估做好准备，但这种精神上的消耗也是测试的一部分。

不要老是想着自己的表现，这一点很重要。如果你认为自己在一次测试中表现不好，你必须把它抛在脑后，专注于眼前的下一项任务。在这种情况下，轻松面对是进行下去的最好方式。当然，面对极高的风险，依然能够在巨大压力下让自己保持放松，这本身也是一项技能。

2008年，我和许多预备航天员伙伴坐在一个房间里参加测试。一不小心，你就会被其他人分散注意力，尤其是当你看到他们答题速度比你更快的时候。我把整个过程看作是与自己，而不是与其他人竞争，所以我只关注自己在做什么。话虽如此，如果我说当年18岁就离开学校参军的我没有被那些拥有科学、医学和工程博士学位的人吓到，那我一定是在撒谎！然而，这些测试都经过精心设计，旨在评估你的智力水平，而非学术背景。培养这类技能的方法有很多，对我个人而言，多年的直升机操作经验对我很有帮助。同样，在这一轮测试中，你不需要有某一特定学科的经验来完成以下的"硬技能"测试。

如果你可以和朋友、家人或同事一起尝试完成这些问题，那样就能更好地创造竞争感。这也是真正的航天员选拔测试的一部分。不过，归根结底，你是在与自己竞争。因此，单独完成这些问题对发挥最佳表现也同样重要。

注意: 有些问题还有额外的时间限制，有些则没有。这也是为了反映真正的ESA测试。候选人需要做出一个有趣的决定：到底是追求速度还是准确性？你是否完成了所有的练习，却牺牲了正确率？或者你是否为了确保尽可能多地答对，却忽略了最终完成的数量？

我不想现在给你答案，那样并不好，但是在你回答问题时，请记住所有这些要素。在第59页，我会给你复盘，这样你就可以知道自己的表现如何了。

祝你好运！

空间意识测试

空间意识能力对任何航天员来说都非常重要。航天员经常会操作一些他们实际上看不到的设备，而且是在微重力环境下进行这些操作，这会影响他们的感知能力（毕竟，失重状态下没有绝对的上升或下降）。特别是在太空行走期间，当你在国际空间站外走动时，你的方向和视角会不断改变。能够建立起你在做什么、你要去哪里以及如何最好地完成任务的思维模型是至关重要的。实际上一旦你的大脑接受了它能选择任意方向工作，这将是一种非常自由开放的感觉。考官正在寻找有着良好空间感知能力的候选者。

测试1

想象一下，你面对着一个立方体。它可以向左，向右，向前（朝向你）或向后（远离你）滚动。立方体底部有一个点。

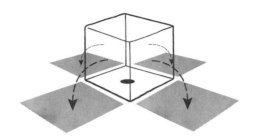

a）在你的脑海中滚动立方体：向前，向左，向左，向前，向右，向后，向右。请问，现在圆点在哪里？

b）想象同一个立方体和圆点，滚动立方体：向前，向右，向右，向前，向左，向后，向左，那么，现在圆点在哪里？

每答对一题得1分。

提示：在真正的空间意识测试中，航天员候选人会听到有人念出滚动方向，成功地推测出答案不仅需要你想出应对办法，还需要你愿意并能够调整那个办法。例如，在你听到每个新指令后，你可以先在脑海中滚动立方体。然而，如果在测试进行到一半时，指令的速度加快了——太快了，以至于无法随每个口令滚动——那么你就需要调整一下，找到一种新方法。或许你可以记住剩下的口令，再滚动立方体。航天员考官总是在寻找适应性强、在压力下保持冷

静的人。

视觉感知

现代宇宙飞船和国际空间站都配备了控制面板、仪表盘、监视器和显示器。对于航天员来说，快速掌握信息以及迅速准确地回忆数据是非常重要的。总有一天，这可以拯救你和你的团队。

测试2

下面是一组仪表盘。你有三秒钟时间查看每组表盘，其中包括九个读数。你的任务是按照指定顺序识别和读取"关键"仪器的读数——从第一行开始，从左到右。这些仪表显示的读数不同，并且在某些突出的特征上也有所不同，例如形状或颜色。在每次看到仪表盘之前，你都会被告知关键仪器的特征。例如，"关键仪器：圆形，白色仪表盘"。

你只需要看相关的九个仪表，用一张纸盖住其他几组仪表盘，然后移动纸张盖住所有仪表盘。记住，你只有三秒钟时间！在真正的ESA测试中，这些仪表盘会在电脑屏幕上闪烁三秒。不过，这个测试对考查候选人的诚实也有一定启发——因为就算你花再长的时间，也不过是在骗自己。

在你开始之前，这里有一个测试例题："关键仪器：黑色仪表盘"。

答案：2、8、2、5（读数）

a) 关键仪器：白色仪表盘（每记住一个得1分）。

星际求职指南

b)关键仪器：圆形，白色仪表盘（每记住一个得1分）。

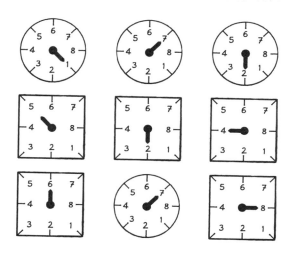

c)关键仪器：圆形，黑色仪表盘（每记住一个得1分）。

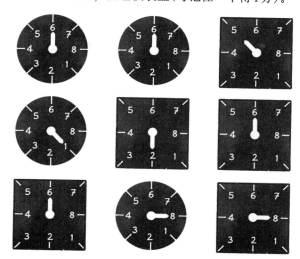

d)关键仪器：方形，白色仪表盘（每记住一个得1分）。

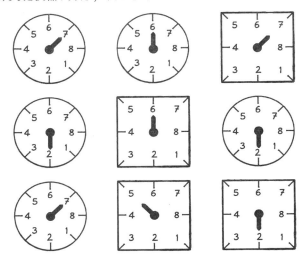

e)关键仪器：黑色仪表盘（每记住一个得1分）。

提示: 你有没有创造出一种只浏览关键仪器的好方法？你是否因为表面上数字的位置与你的预期不同而分心？这项测试有助于确定哪些人可以轻易地抛弃先入为主的想法，适应新的状况。

记忆力

航天员经常被要求记住一连串的数字（压力、温度、坐标等），并将它们传递给地面指挥中心。在被选为航天员之前，为了测试他们的记忆力，他们会听到一长串数字。当朗读数字的声音停止时，他们必须倒着背出尽可能多的数字。问题是，你不知道声音什么时候会停止！为了让这项任务变得更加困难，朗读数字的声音在节奏和音调上会有所不同，因此你很难形成一套记住数字顺序的策略。

测试3

请别人帮你朗读下面的数字序列，并试着倒背出来。

你能记住多少个数字？不能用笔和纸，你有十秒钟的时间背出答案。每成功回忆起一个数字得1分。

a）8 6 4

b）7 2 3 5

c）9 3 0 2 1

d）0 7 4 3 5 7

e）2 7 3 1 9 0 4

f）9 2 5 7 4 7 3 4

g）2 6 7 1 0 2 8 4 6

h）4 3 7 8 1 2 9 6 5 5

i）2 3 5 7 9 4 8 6 1 2 0

j）6 1 5 8 0 4 2 4 6 2 6 4

提示：你是否能找到在脑海中将数字组合在一起，从而方便记忆的方法呢？如果你觉得这太容易了，那可以一边做交替台阶跳一边练习。通常，航天员得在完成一项体力要求很高的任务的同时，保持良好的记忆力。太空行走就是一个很好的例子——很明显，在太空行走时没有笔和纸可以用来写东西。

请注意，大多数成年人在未经训练的情况下，可以记忆并重复后六位数字，而一些航天员可以记住12位以上。

视觉记忆

能够在听到某件事后立即记住它是一项技能，但是，如果能在看过很长一段时间后仍然记住它，这同样重要。

测试4

看看下面的数字。每个数字旁都有一个图形。你最多有三分钟

　　　　　　　　　　　　　　　星际求职指南

的时间去记住这些数字图形的组合。即使你无法把它们全部记住，也要试着记住其中一部分。本节稍后将对你进行测试。

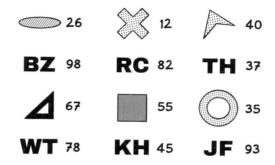

技术信息

　　一名航天员必须什么都会：医生、工程师、飞行员、领导者等。虽然培训会使你具备在太空生存所需的所有技术技能，但你还是需要对一些科学和工程原理有基本的了解。航天员在国际空间站上的大部分时间都花在设备维护上。毕竟，国际空间站在太空已经有20多年了，它必须忍受严酷的工作环境：白昼和夜晚之间极端的温差、严重的辐射暴露以及微陨石和太空碎片偶尔的撞击。航天员经常需要维护电气系统、散热系统和计算机。当然，当厕所发生故障时，你也需要当一回水管工！

　　下面的测试会让你对自己的知识面有一个很好的了解，如基础电路、发动机、物理学和工具。试着回答这些问题，看看你的能力如何。每答对一题得1分。

测试5

1.哪个电子元件不允许直流电通过?

a)电阻　　　　　b)线圈　　　　　c)铜缆　　　　　d)电容器

2.在0°C干燥空气中的声速是多少?

a）150 米/秒　　b）330 米/秒　　c）240 米/秒　　d）3 500 米/秒

3.避雷针通常由哪种材料制成?

a)塑料　　　　　b)铜　　　　　　c)铅　　　　　　d)锡

4.欧洲电源插座的电压是多少?

a）180 伏　　　　b）60 伏　　　　c）50 伏　　　　d）220/230 伏

5.电压表上的读数是多少?

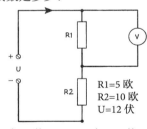

R1=5 欧
R2=10 欧
U=12 伏

a）2 伏　　　　　b）4 伏　　　　　c）4.5 伏　　　　d）6 伏

6.如果在"×"处,绳子被切断,那么球会如何下落?

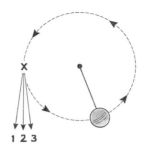

a) 都不对   b）1   c）2   d）3

7. 以下三个电路中哪个是闭合的？

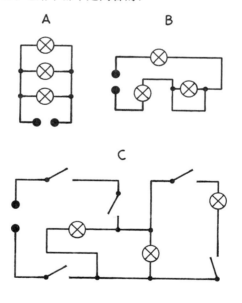

a) A 和 B   b）A 和 C   c）A、B 和 C   d）A

8.两个轮子中哪个转动得更快?

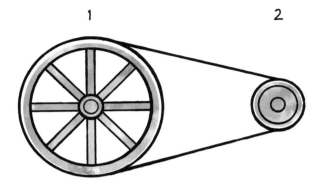

a）1

b）2

c）两者速度一样快

d）这取决于推进装置是连接到1号轮还是2号轮

9.需要闭合哪个开关才能允许电流通过?

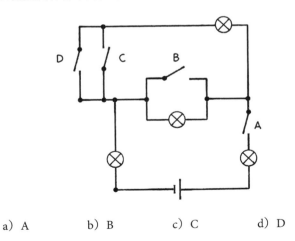

a）A   b）B   c）C   d）D

10. 如图所示，当轴1按如下方式转动时，轴2朝哪个方向转动？

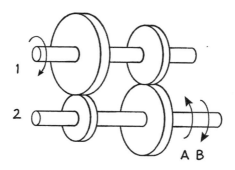

a）A

b）轴2不转

c）小轮朝A方向旋转，大轮朝B方向旋转

d）B

11. 为了让上方的X轴旋转得最快，传动带必须穿过哪个转轮？

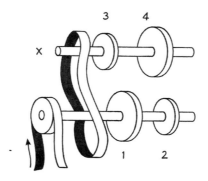

a）2和4　　b）1和4　　c）1和3　　d）2和3

12. 以下哪个转椅轮子最有用？

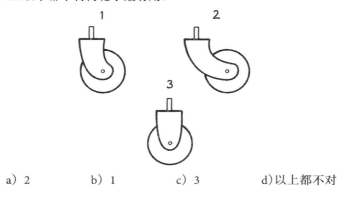

a) 2   b) 1   c) 3   d) 以上都不对

13. 凸轮转动一次，哪个阀门通过的气体流量最大？

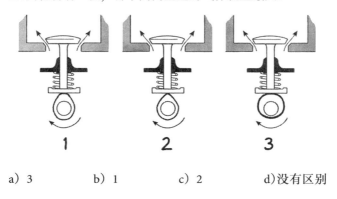

a) 3   b) 1   c) 2   d) 没有区别

14. 请说出奥托四冲程发动机的四个做功冲程的名称。

a) 进气—压缩—吹气—点火   b) 压缩—点火—排出—排气

c) 进气—压缩—点火—排气   d) 进气—点火—压缩—点火

15. 除了润滑发动机的活动部件外，机油还有哪些作用？

a) 降低发动机温度   b) 保持发动机温度恒定

                    星际求职指南

c)平衡质量   d)平衡车辆的重量

16.一辆中型轿车大约需要多少机油?

a) 0.5~1升   b) 1~2升   c) 4~6升   d) 10~15升

17.在汽车转速的计数器(rpm指示器)上，代表红色区域开端位置的红线是什么含义?

a)最大允许转速   b)最小转速

c)最大扭矩的区域   d)方便找到指示器的视觉标记

18.飞机通常加注什么燃料?

a)柴油   b)汽油   c)辛烷   d)煤油

19.一般汽车轮胎的胎压是多少?

a) 0.1~0.8巴   b) 1.8~2.8巴   c) 3.5~7巴   d) 24~30巴

20.哪个温度单位是不存在的?

a)卡尔文   b)开尔文   c)摄氏度   d)华氏度

21.在一个电路中,100欧的电阻保持不变，电压U均匀增加，那么电流I将如何变化?

a)随着电压的增加而增加   b)随着电压的增加而降低

c)按电压增长速率的75%增加   d)不变

22.在一个电路中, 5伏的电压U保持恒定，电阻R成比例增加,那么电流 I 将如何变化？

    a)增加 R

    b)增加 1.5R

    c)减少

    d)增加 R^2

23.下列关于电压 U 的描述中，哪项不准确？

    a)是对自由电子的压力   b)是产生电流的原因

    c)是平衡电荷的结果   d)可以用华氏度来表示

24.以下哪些类型的电流是可区分的？

    a)直流电和交流电   b)直流电、交流电和快速电

    c)直流电和太阳能电   d)交流电和快速电

25.以下哪个物理量是用来表示电子通过电路的流量的？

    a)焦耳   b)安培   c)瓦特   d)华氏度

26.以下哪个是正确的计算电压的公式？

    a)电阻 − 电流   b)电阻 / 电流

    c)电阻 + 电流   d)电阻 × 电流

27.以下哪种状况会造成短路？

    a)电源的正负极直接连接(=0.8 欧)

    b)电源的正负极直接连接(=10 欧)

    c)电源的正负极直接连接(=0 欧)

    d)电源的正负极直接连接(=1 欧)

28.以下哪个装置对门的支撑效果最好？

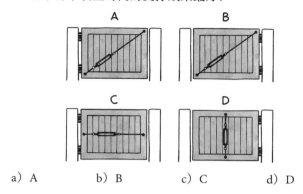

a）A   b）B   c）C   d）D

专注力

在太空中，航天员必须注意力高度集中。任务通常漫长而重复，需要处理大量关键技术信息。例如，太空行走会持续八个多小时。你不希望自己的专注力下降，所以关注细节是最重要的。

测试6

在以下专注力测试中，你会看到一系列三角形。每个三角形都有三个特征要考虑，每个特征有不同的可能选择：

- 方向——三角形的尖端可以指向上、下、左、右。
- 点——三角形可以包含0、1、2、3、4个点。
- 阴影——三角形可以无阴影或有斑点、实心、条纹状阴影。

以下是一些示例：

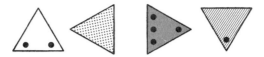

你会看到一些规则，然后按要求在有限时间内记住它们。例如，你可能会被告知：

● 如果两个点数相同的三角形彼此相邻，请在三角形上方的方框中打钩（见 A1—A2）。

● 如果两个阴影相同的三角形彼此相邻，请在三角形下方的方框中打钩（见 B1—B2）。

● 如果上述两条规则都不适用，请在三角形侧边的方框中打钩（见 C1—C2）。

例：

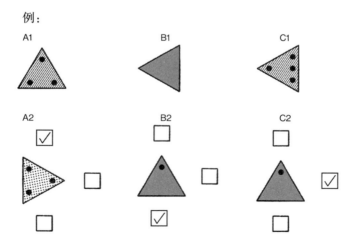

　　　　　　　　　　　　　　　　　　星际求职指南

在接下来的测试中，先用一张A4纸盖住后面的三角形，中间剪一个正方形，大小只够露出一个三角形及其周围的小方框。按照每列从上到下的顺序，一个接一个地露出三角形。每正确勾选一个方框即可得1分。

问题1

规则（你有十秒钟的时间记住这些）：
● 如果两个方向相同的三角形彼此相邻，请在三角形上方的方框中打钩。
● 如果两个点数相同的三角形彼此相邻，请在三角形下方的方框中打钩。
● 如果上述两条规则都不适用，请在三角形侧边的方框中打钩。

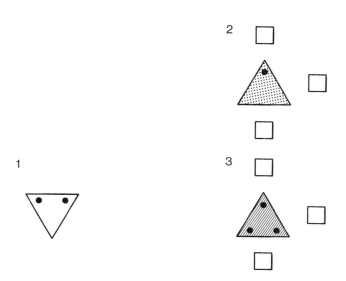

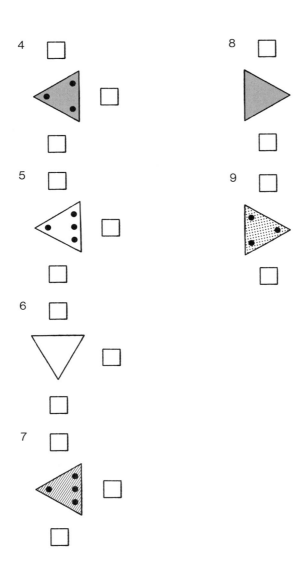

问题2

规则：

● 如果两个阴影相同的三角形彼此相邻，请在三角形上方的方框中打钩。

● 如果两个方向相同的三角形彼此相邻，请在三角形下方的方框中打钩。

● 如果上述两条规则都不适用，请在三角形侧边的方框中打钩。

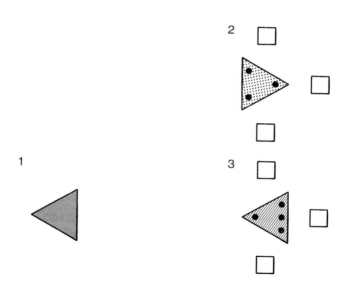

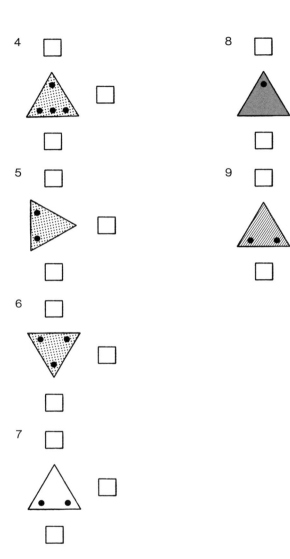

英语语言能力

国际空间站有两种官方工作语言：英语和俄语。俄语学习是航天员训练的一部分。不过，在你被选为航天员之前，你必须证明你现有的英语技能达到了所要求的标准。如果你的母语是英语，你可能会觉得这一部分是本书中最容易的，但请记住，欧空局航天员来自22个成员国，他们都必须通过这项测试。

测试7

以下是一些考查申请者英语能力的问题。每答对一题得1分。

1. Peter has gone to the station, _____ he ?
a）hasn't   b）isn't   c）didn't   d）doesn't

2. Find a synonym for the underlined word.
Pedestrians are not <u>allowed</u> to cross the road here.
a）permitted   b）watched   c）known   d）obliged

3. What's happened to Helmut ? I haven't seen him _____ ages.
a）during   b）for   c）while   d）since

4. Find a synonym for the underlined word.

This is a <u>safe</u> neighbourhood.

a) local   b) rich   c) secure   d) passive

5. A tiger is as dangerous _____ a lion.

a) like   b) than   c) as   d) then

6. Find a synonym for the underlined word.

This version is able to carry a lot of <u>freight</u>.

a) passengers   b) plants   c) fuel   d) cargo

7. The basketball team _____ just around the corner.

a) is   b) has   c) have   d) is come

8. Fiona: I will drive to Hamburg on Friday.

Fiona said that she _____ to Hamburg on Friday.

a) would drive   b) drove   c) drives   d) will drive

9. Who permitted the pupils _____ school early ?

a) to leave   b) who are leaving

c) leaving   d) leave

10. I would apply for the job, if I _____ you.

a) were   b) was   c) had been   d) have been

11. Jack hasn't got your money, Pamela hasn't got it _____ .

a) too   b) either   c) neither   d) nor

12. She is thinking about _____ to Australia next month.

a) will go   b) go   c) to go   d) going

13. We don't have _____ business-class tickets.

a) a few   b) no   c) much   d) any

14. Find a synonym for the underlined word.

What he said was quite <u>foreign</u> to our discussion.

a) helpful   b) connected   c) alien   d) instantaneous

15. Find a synonym for the underlined word.

To have all your teeth out is a <u>certain</u> cure for toothache.

a) stopping   b) sure   c) chosen   d) recommended

16. Find a synonym for the underlined word.

Max is the <u>eldest</u> of three brothers.

a) first-born   b) best educated

c) fittest   d) richest

17. Find a synonym for the underlined words.

The old shop <u>merges into</u> the big foreign company.

a) brings new ideas to   b) suits

c) is swallowed by   d) reaches

18. Find a synonym for the underlined word.

Outside the house it was frightening because of the <u>mist</u>.

a）darkness   b）jungle   c）fog   d）wind

19. Find a synonym for the underlined word.

Reaching the <u>peak</u> of the mountain, they found a little hut.

a）bottom   b）other side   c）top   d）upper half

20. ____ in history when remarkable progress was made within a short span of time.

a）There have been periods   b）Periods have been

c）Throughout periods   d）Periods

心算

和许多工作一样，航天员经常被要求做心算。在大多数情况下，一个错误的答案只会给你带来些许尴尬。然而，在某些情况下，需要进行瞬间计算，且计算结果的正确与否将关系到你和乘组的生命安全。例如，如果主引擎在返回地球的离轨燃烧过程中出现故障，你必须快速计算辅助引擎需要燃烧多长时间。一旦出错，你进入地球大气层的角度可能会太陡或太浅，这两种情况都有可能带来灾难性的后果。

测试8

　　试着回答以下数学问题，不用计算器或纸笔。你有十秒钟的时间回答每个问题，每答对一题得1分。即使你不知道确切的数字，也要尽最大可能去估算。

1到2 000之间的数字相加

689 + 398 =	446 + 217 =
1115 + 21 =	251 + 897 =
1149 + 1992 =	1949 + 1040 =
1611 + 809 =	277 + 1849 =
1593 + 392 =	1912 + 646 =

1到2 000之间的数字相减

1835 − 347 =	1977 − 839 =
1829 − 730 =	1096 − 163 =
1606 − 552 =	1845 − 462 =
1425 − 687 =	1849 − 830 =
1561 − 142 =	1575 − 360 =

1到20之间的数字相乘

13 × 8 =	3 × 8 =
11 × 15 =	6 × 2 =
15 × 18 =	3 × 7 =
16 × 18 =	12 × 14 =
1 × 9 =	18 × 10 =

1到100之间的数字相除

注意: 你只需回答一个近似的整数(如:4.8的话只要回答5;4.4的话只要回答4)。

34 ÷ 11 =	43 ÷ 8 =
85 ÷ 11 =	74 ÷ 8 =
93 ÷ 2 =	53 ÷ 5 =
44 ÷ 6 =	94 ÷ 8 =
39 ÷ 5 =	16 ÷ 5 =

计量练习

仅有算术技能是不够的。航天员需要能够自如地对尺寸、重量、速度和距离进行计量,并习惯使用百分比、比例和分数。

测试9

试试这些练习,看看你是否达到了要求。你能否找到捷径,在不进行完整计算的情况下找到正确答案？每答对一题得1分。

1. 一位学生100米短跑需要15秒。假如由于风速的影响，该学生的速度提高了2千米/时，那么他完成100米需要多长时间？

a）13.8秒　　b）13.6秒　　c）13秒　　d）14.2秒

2. 一家酒店淡季含早晚餐单人间的价格为98欧元。如果在旺季额外收取15%的费用的话，房间价格是多少？

a）110欧元　　b）112.70欧元　c）114.40欧元　d）85欧元

3. 母亲和女儿的年龄加起来是60岁，母亲比女儿大36岁，那么两个人分别多大？

a）女儿12岁，母亲48岁　　　b）女儿22岁，母亲38岁

c）女儿20岁，母亲40岁　　　d）女儿24岁，母亲60岁

4. 一个银质立方体镇纸的边长为5厘米，上面标有"800"，表明含银量800/1000。如果银的密度为10.5克/立方厘米，且银价为每克0.68欧元，请问这个银质镇纸的价值是多少？

a）1229欧元　　b）654欧元　　c）714欧元　　d）701欧元

5. 一个长方形的长为12厘米，宽为8厘米。另有一个长方形具有相同的面积，如果它的长是16厘米，那么它的宽是多少？

a）4厘米　　b）5厘米　　c）5.5厘米　　d）6厘米

6.一个长为 3.5 米，宽为 3 米的矩形容器可容纳 21 立方米的水，那么它的高是多少？

    a）3 米　　　　b）6 米　　　　c）2.5 米　　　　d）2 米

7.一个穿旱冰鞋的人需要 35 分钟才能走完 12 千米的路程，那么他的平均时速是多少？

    a）20 千米 / 时　　　　　　　b）$20\frac{4}{7}$ 千米 / 时

    c）$21\frac{2}{7}$ 千米 / 时　　　　　　d）$20\frac{1}{7}$ 千米 / 时

8.一位来自得克萨斯州的农民拥有一个面积为 100 平方千米的方形农场。要想检查农场的所有外部围栏，他必须骑行多远距离？

    a）400 千米　　b）200 千米　　c）40 千米　　d）20 千米

9.两个地方（A 和 B）相距 300 千米。08：00，一列货运列车以 30 千米 / 时的速度从 A 驶向 B；11：00，一列客运列车以 60 千米 / 时的速度从 B 驶向 A。请问两列列车将在何时何地相遇？

    a）13：00，距离 A 地 150 千米

    b）13：40，距离 A 地 160 千米

    c）13：20，距离 A 地 200 千米

    d）13：20，距离 A 地 160 千米

10.一次彩票开奖中，P 先生得到 1/5，N 夫人得到 1/4。如果 N 夫人比 P 先生多得到 4 000 欧元，那么彩票总奖金是多少？

    a）80 000 欧元　b）54 000 欧元　c）36 000 欧元　d）140 000 欧元

　　　　　　　　　　　　　　　　　　　　星际求职指南

11. 在法兰克福机场，一名乘客想从1号航站楼到2号航站楼，步行需要三分钟，传送带需要两分钟。如果他在传送带上行走，需要多长时间？

    a）2分钟   b）1.5分钟   c）1.75分钟   d）1.2分钟

12. 某位驾驶员的反应时间为一秒。如果她以96千米/时的速度行驶，从看到红灯到踩下刹车，她会行驶多远？

    a）26.7米   b）59.9米   c）29米   d）128米

13. 算式 $1+1/2+1/4+1/8+1/16+\cdots\cdots+1/512$，它的和近似于多少？

    a）1   b）2   c）3   d）4

14. 楼梯有八级台阶，每级台阶高14厘米。如果换成只有七级台阶的楼梯，那么每一级台阶的高度是多少？

    a）16厘米   b）15厘米   c）15.6厘米   d）18厘米

15. 两辆卡车运走采矿瓦砾需要八天。为了提前完成这项工作，从第四天开始，又增加了一辆卡车，那么清理废墟需要多长时间？

    a）$7\frac{1}{3}$ 天   b）$6\frac{1}{3}$ 天   c）6天   d）$6\frac{1}{4}$ 天

16. 煤油的比重为0.8。如果一架飞机加了4 000千克的煤油，请问油箱有多少升？

    a）4 000升   b）4 800升   c）5 000升   d）5 600升

17.如果一块少了4/12的奶油蛋糕的价格是24欧元，那么整个蛋糕多少钱？

a）40欧元　　　b）36欧元　　　c）20欧元　　　d）48欧元

18.三颗糖果价值15分。用1.65欧元能买多少糖果？

a）11颗糖果　　b）15颗糖果　　c）25颗糖果　　d）33颗糖果

19.动物园的食物可供7头狮子吃78天，那么这些食物可供21头狮子吃多久？

a）26天　　　　b）30天　　　　c）28天　　　　d）27天

20.145克鱼子酱价格为43.50欧元，那么75克鱼子酱的价格是多少？

a）22.75欧元　　b）22.50欧元　　c）24.33欧元　　d）21.75欧元

21.奥利弗和克莱尔一共点了总价为72欧元的咖啡。克莱尔每点3杯，奥利弗就点5杯。如果1杯咖啡的价格是3欧元，那么奥利弗点了多少杯咖啡？

a）7杯咖啡　　b）10杯咖啡　　c）15杯咖啡　　d）12杯咖啡

22.一辆装有涡轮柴油发动机的汽车，行驶100千米需要使用6升柴油，那么行驶250千米需要消耗多少柴油？24升柴油可以行驶多远？

a）14升，400千米　　　　　b）15升，400千米

c）15升，600千米　　　　　d）14升，600千米

23.一根48厘米长的金属丝加热后可拉长至52厘米，那么一根72厘米长的金属丝加热后能拉成多长？

a）78厘米　　b）81厘米　　c）77厘米　　d）88厘米

24.如果4.5米地毯的价格是90欧元，那么2.5米地毯的价格是多少？

a）50欧元　　b）42.50欧元　c）45欧元　　d）40欧元

25.在一个平面上，五条直线最多有几个交点？

a）2个　　　b）5个　　　c）10个　　　d）4个

26.一个立方体的边长为6厘米，重0.54千克，那么它的密度是多少？

a）6克/立方厘米　　　　　b）3克/立方厘米

c）2.5克/立方厘米　　　　d）2克/立方厘米

27.如果有一条线穿过三维图形的中心，且与所有表面的距离相等，请问这是什么形状？

a　　　　　　b　　　　　　c　　　　　　d

a)球体　　　　　　　　　　b)圆柱体（没有顶面和底面）
c)立方体　　　　　　　　　d)八面体

视觉记忆（续）

还记得第27页上的图形和数字吗?

测试 10

在不回头看的情况下，试着回忆哪些数字与以下图形一致。每记住一个数字得1分。

1.

2.

3. **RC**

4.

5. **WT**

6.

7. **JF**

8.

9. **BZ**

10.

11. **KH**

12. **TH**

答案

测试1（2分）

a）和b）圆点均位于底部。

测试2（20分）

测试3（75分）

测试5（28分）

1. d）电容器
2. b）330米/秒
3. b）铜
4. d）220/230伏
5. b）4伏
6. c）2
7. a）A和B
8. b）2
9. a）A
10. a）A
11. c）1和3
12. a）2。这个方案能使轮子拥有最大的绕轴旋转空间。
13. a）3

14. c）进气—压缩—点火—排气

15. a）降低发动机温度

16. c）4~6升

17. a）最大允许转速

18. d）煤油

19. b）1.8~2.8巴

20. a）卡尔文

21. a）随着电压的增加而增加

22. c）减少

23. d）可以用华氏度来表示

24. a）直流电和交流电

25. b）安培

26. d）电阻 × 电流

27. c）电源的正负极直接连接（=0 欧）

28. a）A。支撑柱应该始终"向开口倾斜"，因为在距离铰链较远的一侧，门的重量会向下作用。

测试6（16分）

1.侧边，上边，下边，上边，侧边，侧边，侧边，上边。

2.侧边，侧边，侧边，上边，上边，侧边，下边，下边。

测试7（20分）

1. a）hasn't

2. a）permitted

3. b）for

4. c）secure

5. c）as

6. d）cargo

7. a）is

8. a）would drive

9. a）to leave

10. a）were

11. b）either

12. d）going

13. d）any

14. c）alien

15. b）sure

16. a）first-born

17. c）is swallowed by

18. c）fog

19. c）top

20. a）There have been periods

测试8（40分）

1到2 000之间的数字相加

689 + 398 = 1087	446 + 217 = 663
1115 + 21 = 1136	251 + 897 = 1148
1149 + 1992 = 3141	1949 + 1040 = 2989
1611 + 809 = 2420	277 + 1849 = 2126
1593 + 392 = 1985	1912 + 646 = 2558

1到2 000之间的数字相减

1835 − 347= 1488	1977 − 839= 1138
1829 − 730= 1099	1096 − 163= 933
1606 − 552= 1054	1845 − 462= 1383
1425 − 687= 738	1849 − 830= 1019
1561 − 142 = 1419	1575 − 360 = 1215

1到20之间的数字相乘

13 × 8 = 104	3 × 8 = 24
11 × 15 = 165	6 × 2 = 12
15 × 18 = 270	3 × 7 = 21
16 × 18 = 288	12 × 14 = 168
1 × 9 = 9	18 × 10 = 180

1到100之间的数字相除

请记住，所有答案都必须四舍五入到最接近的整数。

$34 \div 11 \approx 3$ $43 \div 8 \approx 5$

$85 \div 11 \approx 8$ $74 \div 8 \approx 9$

$93 \div 2 \approx 47$ $53 \div 5 \approx 11$

$44 \div 6 \approx 7$ $94 \div 8 \approx 12$

$39 \div 5 \approx 8$ $16 \div 5 \approx 3$

测试9（27分）

计量练习

1. a）13.8秒

2. b）112.70欧元

3. a）女儿12岁，母亲48岁

4. c）714欧元

5. d）6厘米

6. d）2米

7. b）$20\frac{4}{7}$千米/时

8. c）40千米

9. d）13：20，距离A地160千米

10. a）80 000欧元

11. d）1.2分钟

12. a）26.7米

13. b）2

14. a）16厘米

15. b）$6\frac{1}{3}$ 天

16. c）5 000升

17. b）36欧元

18. d）33颗糖果

19. a）26天

20. b）22.50欧元

21. c）15杯咖啡

22. b）15升，400千米

23. a）78厘米

24. a）50欧元

25. c）10个

26. c）2.5克/立方厘米

27. b）圆柱体(没有顶面和底面)

测试10（12分）

硬技能复盘

你回答得怎么样？把你所得的分数全部加起来，并将你的表现与下面给出的分数区间进行比较。

0~100分

并不是每个人都适合当航天员，或许你的强项在别处。毫无疑问，你可以提高你的分数，随着时间的推移，某些技能和技巧会得到发展。然而，很多时候，回答像这样的问题的能力是与生俱来的。你觉得最难的是什么？

101~150分

还有进步空间，但不要绝望。坚持下去，在那些你觉得困难的领域努力，你的分数可能会提高。

151~200分

干得漂亮！你有很多考官在寻找的优秀航天员候选人所具有的品质。如果你在测试的某个特定部分不够好，那么练习这一技能或复习相关知识，将对你大有裨益。

201~240分

难以置信！你已经达到了很高的水平。要想得到这样的分数，你必须是一个冷静的多面手，并拥有一些重要的技能。做得好！

速度与准确性

在你解答数学问题时，我给了你十秒的时间来回答每一个问题。同样地，我们在选拔过程中也有时间限制，这就导致了一个有趣的抉择：追求速度还是准确性。你决定二选一了吗？事实上，这套测试对两个方面都有要求——如果你经常得到错误的答案，那么速度再快也没用；如果你不能完成大部分测试，那么正确但缓慢的方法也同样不理想。平衡才是取胜之道。

第二章

航天员的选拔要求

申请

你已经完成了第一轮硬技能测试，做得不错！现在我们来看看申请表。本章对航天员需具备的各种个人素质，包括医学、心理学和专业资格做了概述。标准很苛刻，你可能会对其中一些要求感到惊讶。

开放式问题

让我们从以下问题开始吧。每题的答案不得超过750字。

1.你为什么想成为一名航天员？
2.你认为航天员的主要任务有哪些？
3.写一篇坦率的个人描述（包括你的长处和不足）。

2008年，当我申请加入欧洲空间局时，上述三个问题就是欧空局航天员选拔测试申请表上必须填写的最后几个问题。完整的申请表长达15页，其中大部分是针对候选人的专业经验和资格，以确保你符合严苛的选拔标准，我们将在稍后讨论。不过，上述这样的开放式问题也很重要，旨在对具有相似专业背景的候选人加以区分，尽早了解你的个性和心理状况。

在回答上述问题之前，请认真考虑，再花一些时间仔细检查你的回答。我当然也是这样做的。我记得当时花了好几个小时的时间。你会借鉴哪些生活经验？你会对哪些被朋友、家人和同事欣赏的性格特征加以强调？归根结底，你要如何在寥寥几段文字中描述你对这份工作的热情、你的经历以及你的个性？

下面是申请表中的另外三个问题。你又将如何回答这些问题呢？答案不超过25个字。在本节结束时，我们将重新讨论所有这些问题，听一名航天员考官介绍欧空局究竟想在候选人的答案中看到什么。

4.如果被任用，你是否同意在欧洲航天员中心（EAC）总部（德国科隆）居住？

5.你是否愿意在航天员训练基地（俄罗斯星城）长期居住（2~3年）？

6.你如何描述自己的动手能力（关于维修、拆卸和重新组装设备等）？

这些问题看起来似乎很普通，但是申请过程是你成为航天员的道路上最难克服的障碍之一——即使是在这个早期阶段，也只有一小部分人能成功。2008年我提交的那份申请只是欧空局收到的 8 172 份合适的申请中的一份。格哈德·蒂勒曾是欧空局航天员，也是负责该选拔过程的项目经理。他解释说，欧空局航天员选拔测试招募人员组成的大型团队会处理这些申请，他们坐在一间屋子里，可以很方便地讨论每个候选人的优点。申请会被标记为"是"或"否"，然后放在不同摞中。所有标记为"否"的人都会由一个独立的团队进行复审，得到两个"否"就意味着你被彻底淘汰了。

在 8 172 名申请者中，只有918人进入下一轮"硬技能"测试。算下来这一合格率仅为11%，89%的候选人未能通过。在你成为航天员的旅途中，这是重要的教训：有时候你会失败，那么你就必须再试一次。美国航天局航天员克莱顿·安德森（Clayton Anderson）便以被拒14次而闻名，直到第15次申请，他才终获成功。本节将概述申请过程，以提高你成功的机会。

航天员的选拔要求

除开放式问题外，申请表的大部分内容用于评估候选人是否满足严格的太空要求。航天员选拔过程以招募能够满足当前和未来各种空间任务所需的人员为根据。考虑的主要方面包括心理适宜性、科学和技术能力以及身体素质。不是每个人都能符合这些标准。还有一些标准，比如身高和视力，是你无法控制的。然而，为了让你的申请通过的可能性最大，你需要满足 ESA 的具体要求。以下是 2008 年选拔过程中的要求示例。

一般要求

申请人，无论男女，必须是欧空局成员国的公民：奥地利、比利时、捷克、丹麦、爱沙尼亚、芬兰、法国、德国、希腊、匈牙利、爱尔兰、意大利、卢森堡、荷兰、挪威、波兰、葡萄牙、罗马尼亚、西班牙、瑞典、瑞士和英国。

申请人理想年龄范围为27~37岁，身高在153~190厘米之间。必须会说会读英语，拥有自然科学、工程学或医学的学士学位（或同等学力），最好在相关领域拥有至少三年研究生专业经验。欢迎有飞行经验者申请。

医学要求

申请人应身体健康，无不良病史，体重正常，心理素质良好。选拔过程后期将进行特定测试，以评估申请人的身体系统（如肌肉、心血管和前庭）。一旦被选中，航天员将在训练期间接触离心机、转椅、压力舱和航空器等设施，身体将被推到极限。

心理要求

申请人应具备的一般特征包括良好的推理能力、记忆力、专注力、空间定向能力和灵活动手能力。申请人应具有很强的积极性、灵活性、合群性、同理心、稳定的情绪和较低的攻击性。面对国际空间站的长期飞行，作为团队成员在跨文化环境中工作的能力非常重要。

常见问题

作为一名预备航天员，如果对上述要求有任何后续问题（你可能会有），欧洲空间局提供了以下有用信息，帮助你填写申请表。

问：采用哪些医学和心理标准来选择候选人？

答：一般情况下，会采用正常的医学和心理健康标准。这些标准源自循证医学（EBM），均经过临床研究验证。*（注：如果申请成功，你将在稍后的航天员选拔过程中接受体检。）*

●申请人应能够通过JAR-FCL 3［飞行人员执照（体检标准）］二级或同等级体检，由其所在国家航空医疗机构认证的航空体检医师进行。*（注：这是一种通常用于测试飞行员的体检。）*

●申请人无任何疾病。

●申请人无毒品、酒精或烟草依赖。

●申请人关节活动范围及功能必须正常。

●申请人的双眼必须具有100%的视力（斯内伦分数20/20，小数法1.0或缪氏法5.0），可以是裸眼视力，也可以是经眼镜或隐形眼镜矫正后的视力。

- 申请人无任何精神障碍。
- 申请人必须具备认知、心理和人格能力，能够在智力要求和社交要求很高的环境中高效工作。

问：一定要身体健康才能成为航天员吗？我应该从事哪项运动？

答：健康是极其重要的，这是相对于相应年龄的健康水平而言的。航天员考官并不是要寻找极度健康或顶级的运动员，过多过度发育的肌肉反而可能对失重状态下的航天员不利。没有特别推荐的运动。

问：航天员在太空逗留期间是否会出现严重的健康问题？

答：不，并不存在因太空飞行而产生的极度危险的状况。然而，太空环境是危险的，航天员的健康取决于生命保障系统。失重环境确实会对人体生理产生暂时性的负面影响，如身体机能下降、骨骼矿物流失等。欧空局航天员医疗保障办公室及其工作人员负责避免此类危险，防止空间环境影响航天员的身心健康。环境和生命保障系统都处在密切监测中，并且我们有全面的预防和对策方案。

问：女性成为航天员会比男性更难吗？

答：不会。除了一些针对不同性别的体检外，男女的医学和心理要求是相同的。

身体健康和心血管健康总是根据个体情况进行评估的，并且健康的目标值会根据男女生理差异做出调整。因此，女性不必满足男性规范，反之亦然。

问：我的视力不"完美"，我还能成为航天员吗？

答：并没有明确的"能"或"不能"，因为总是存在这样或那样的视觉缺陷。然而，视力问题是大多数体检不合格的原因所在。视觉方面的主要测试包括视力、色觉和3D视觉。

戴眼镜或隐形眼镜本身并不是不合格的原因，但如果已知存在视觉缺陷并发展迅速，则必须对其进行评估。这可能意味着不合格。轻微的视觉缺陷，即使需要戴上眼镜，也可以被视为不妨碍执行空间任务。

最近，各种以矫正视力为目的的手术干预变得越来越普遍。其中一些将导致不合格，而有些是可以接受的。具体个案都将被分别审理。

测试复盘

如果你符合上述大多数标准，那么恭喜你啦！你的申请程序很可能会进入下一阶段"软技能"。在继续之前，让我们回到之前申请表上提出的六个开放式问题：

1.你为什么想成为一名航天员？

2.你认为航天员的主要任务有哪些？

3.写一篇坦率的个人描述（包括你的长处和不足）。

4.如果被任用，你是否同意在欧洲航天员中心（EAC）总部（德国科隆）居住？

5.你是否愿意在航天员训练基地（俄罗斯星城）长期居住（2~3年）？

6.你如何描述自己的动手能力（关于维修、拆卸和重新组装设备等）？

格哈德·蒂勒关于如何才能很好地回答问题1的观点很有启发性，也有些令人惊讶。他说："我们并不是在寻找一种特定类型的回答。答案并无对错之分。"然而，欧洲空间局确实会根据候选人的回答决定是否继续评估。

首先是对细节的关注。如果你是一名航天员，这是一项至关重要的品质。"有人写了满满五页他们为什么想成为航天员，"蒂勒说，"尽管这些候选人表现出明显的热情，但我们并没有考虑他们，因为你应该注意到，这个问题明确要求简短回答（最多750字）。"在太空中，准确掌握小细节是每项任务取得成功的关键，而书面的指示信息起着关键作用。"敬小慎微"是一句著名的航天员口头禅。识别和研究与任务相关的小细节，将让你在发生威胁生命的重大事件时有所选择。

欧空局要求提供简短答案，这与他们正在测试的下一个标准——沟通技能——有关。在本书第三部分也将提到航天员培训期间所接受的考查，清晰简洁的表达是航天员的一项关键技能。无论你是在太空行走期间通过无线电与地面指挥中心进行通信，还是在地面接受电视采访，航天员都必须能够准确、简洁地分享复杂的信息。如果你在危急情况下长篇大论，未能及时传达重要信息，很可能会招致严重的后果。同样，如果你不能在采访中以一种鼓舞人心的方式与公众分享太空的奇迹，那么你将错过激发下一代太空探险家想象力的机会。

这组问题还测试了英语拼写和语法。这对于将英语作为第二语言的航天员来说尤其重要，但对于母语为英语的人来说也同等重要。包含拼写错误和多处笔误的答案表明候选人没有彻底检查答案，或者说，对细节不太注意。

对于问题2，欧空局并不要求候选人说明航天员的所有可能角色，因为这项工作包含众多不同的职责。然而，它确实希望候选人能够证明他们对自己正在申请的这个职位进行过广泛的研究，并且能够以简洁有效的方式表达他们的想法。

对于问题3，当你被要求写一篇坦率的自我描述时，欧空局期望得到一个诚实的答案，包括你的优点和缺点。你能否证明自己符合资格，对自己的能力充满信心，但同时又谦逊而不自负？一个平衡的回答可能表明你的心理素质既适合成为领导者，又适合成为团队成员，因为太空工作需要这两种技能。

从表面上看，问题4和5有简单的非此即彼的答案。作为训练过程的组成部分，航天员需要前往科隆进行训练，然后再前往俄罗斯星城。如果候选人说"不"，他们很可能会被淘汰，但是，航天员考官感兴趣的是，从心理学的角度来看，候选人是会简单地接受这些选择，还是会考虑这些生活方式对自己和家人的生活产生的潜在的破坏性影响。后一种回答也可能是同意迁往这些城市，但同时会询问欧空局在这一过程中将如何支持他们的家庭，这表明候选人是负责任的，并有信心质疑权威。当地面指挥中心偶尔向航天员发布了错误指令或信息时，这项技能可能就会在太空中得到实地检验。

航天员必须具备"动手"技能，必须时刻具备自己动手的务实心态，以便维修、清洁或组装空间站的部件。问题6不仅要求提供候选人的技能列表，还要求他们对自己的技能进行评估。欧空局的航天员考官很想知道候选人是否会像列出优点一样列出自己的缺点。在选拔航天员的过程中，虽然问题看起来很简单，但其中往往包含心理考察环节。

在这一节，我们重点讨论了心理和医学问题，它们是航天员选拔过程中至关重要的一部分。执行太空任务需要消耗大量脑力和体力，所以身心都必须处于绝佳状态。不幸的是，由于测试过于严格，近一半候选人都会因为身体原因而无法进入下一轮。如果你申请时遇到这种情况，你可能会非常失望，但不要灰心。我的一位同事埃尔维·史蒂文宁（Hervé Stevenin）的职业生涯就是一个很好的例子。我想通过简要回顾他的太空之旅来结束这一章。

埃尔维的航天情结深深地刻在骨子里。他从小就梦想成为一名航天员，但多次与梦想失之交臂。1962年，埃尔维出生于法国，1985年法国选拔第一批航天员时，他还太年轻。彼时，他正在学习工程学，但选拔人员只招募拥有至少一年工作经验的毕业生。于是，他开始尽可能多地学习，为下一次选拔做准备。他把时间花在飞行器上，学习潜水，还习得了宝贵的跳伞技能。很快，他就具备了1985年招募所需的所有品质。1990年，法国的第二次选拔开始，但是规则发生了变化，他们想要招募可以过渡到航天员的试飞员。他又错过了。

自那以后，法国再也没有航天员选拔。直到2008年欧空局招募航天员，他才和我以及我的同期们一起申请。和我们中的大多数相比，埃尔维拥有巨大的优势：他曾作为航天员培训团队的一员加入欧空局。在此之前，他曾对前往俄罗斯和平号空间站（已退役）的法国航天员进行培训。2004年，他甚至在位于休斯敦的美国航天局约翰逊空间中心的中性浮力实验室接受了太空行走训练。

埃尔维通过了一轮又一轮艰难的心理测试，成功入选参加医学检查的45名候选人。如果能通过这个检查，他就将进入最后的面试。就在这时，一记重锤袭来。他说："他们在检查中发现了一种非常轻微的身体状况。"如果是像1985年或1990年那样的短期航天任务选拔，这不是什么问题，但今后的任务要在国际空间站停留六个月。长期生活在微重力环境下会对身体造成损伤，导致心血管系统、免疫系统发生变化以及肌肉和骨骼萎缩。埃尔维的现有状况使他面临太大的医疗风险。他又被淘汰了。

"当你经过了筛选，却因为一些你无法控制的事情而被淘汰，而且你知道这是你最后的机会，因为下一次你的年纪就太大了，那是很艰难的。我可以告诉你，你会过得很糟糕。"这对埃尔维而言尤其艰难，因为接下来他还必须培训最终入选的候选人。他说："我平静地接受了这一切。你会发现你的内在素质促使你这么做。"

埃尔维充分利用了这个与来自世界各地的航天员合作的难得机会。除了航天员，他是欧洲唯一一个同时接受过美国航天局和俄罗斯航天局舱外活动训练的人，还与俄罗斯航天局一起在莫斯科郊外的星城训练。他曾参与美国航天局极端环境任务行动（NEEMO）任务，在海底重现太空环境（见插页2）。他还在零重力"呕吐彗星"上训练航天员（见插页2），并三次参加在哈萨克斯坦的搜救队，寻找乘坐俄罗斯联盟号返回舱从太空返回的航天员。

有时候，你一生都在为一个目标而奋斗，却由于种种原因未能实现，如何应对这种失望至关重要。埃尔维已经把它转化为积极的东西。他是欧洲航天员中心团队中非常重要的一员，致力于突破载人航天的极限。几乎每一位进行太空行走、回望地球的欧空局航天员都接受过埃尔维的培训。所以，永远不要放弃。

最终选拔

我们在本章中探讨的心理问题为选拔的最终阶段——来自欧空局高级成员的面试——提供了参考。通过医学检查的候选人现在要接受人际交往能力、脾气性格、人生抱负以及接受媒体采访的能力等方面的考查。不论在地面还是在太空，航天员都必须是科学以及载人航天的最佳拥护者。这是一个令人紧张的过程，坐在候选人对面的往往是经验丰富的航天员、航天员考官和高级管理层。

面试并不容易，我记得我回答了几个具有挑战性的问题，从载人航天的目的、我对科学成就的了解到分析我个人的优缺点。

不过，在最终阶段，重要的是要记住，你已经具备了成为航天员的条件。选拔小组寻找的是你与其他候选人的不同之处。如果你能做自己，展现出自己的个性和性格，你就很有可能入选。

在本书的下一章，你将加入最新一期的航天员班，开始基础训练，接受一系列个人"软技能"以及许多其他特质的测试。你已经加入了精英行列——在2008年欧空局的选拔中，只有六名航天员从8 172名申请者中脱颖而出。你的太空之路比以往任何时候都更近了。有些测试和挑战将变得更加艰巨，但我享受每一分钟！

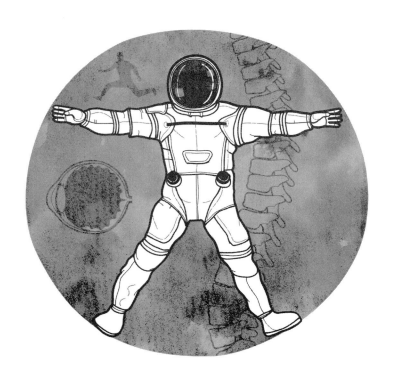

第三章

航天员训练

基础训练

好样的！你已经从竞争中脱颖而出，并正式入选欧洲空间局最新一期航天员训练班。

2009年一个温暖的春日夜晚，我在一通电话中知道了这个消息。就在这一瞬间，我的人生被改变了，心中百感交集。在兴奋和狂喜之外，还混杂着隐隐的担忧，以及一大堆我还找不到答案的问题。我将举家迁往德国生活，并在那里接受史上最严苛的训练课程之一的考验。

我对成为一名航天员的生活会是什么样子还知之甚少：我能通过考试吗？即便我通过了考试，也并不能确保我就一定能上太空执行任务。但如果说生活教会了我什么的话，那就是当机会出现时，你必须把握住它——眼下就是一生一遇的机会，而我绝不会让它与我擦肩而过。

在你通往航天员的道路上，艰巨的考验现在才真正开始。你将接受为期18个月的高强度基础训练，学习各种能够让你在太空里存活并保持良好状态的技能。在那之后，你还将接受高级训练，以便为正式发射升空做好准备。

你能学习新的语言，锻炼人际交往技巧，提升对机器人技术的了解，磨炼专注力以执行太空行走任务吗？在我们了解基础训练和高级训练具体分别包含哪些项目前，你可以先尝试下面的几个测试。这些测试旨在考查你的语言天赋，以及你应对复杂人际关系情境的能力。

语言能力倾向测试

　　基础训练中最困难的课程之一，至少对我而言，是学习俄语——国际空间站上除了英语之外的另一门官方语言。事实上，你的航天员训练课程前六个月中，有三个月都会包含高强度的俄语学习，其中甚至还包括为期一个月的"沉浸式"学习：与一个俄罗斯家庭一起生活。掌握俄语是非常重要的，特别是你未来将要驾驶飞向国际空间站的联盟号飞船里的一切都是用俄语写的。这其中包括仪表、控制面板以及飞行手册（都没有英语翻译），你与莫斯科的地面指挥中心通话也必须全部使用俄语。而一旦你抵达国际空间站，你也需要和你的俄国同事们做日常交流。除了这些操作层面的理由之外，掌握俄语还有社交方面的益处。作为一名欧空局航天员，你将花费好几个月在俄罗斯，与俄罗斯航天员一同训练，而要想和他们建立起牢固的关系，理解他们的语言至关重要。

　　我发现学习俄语尤其困难，因为我不是一位天生的语言学家。当我在星城的联盟号飞船模拟器中进行训练时，一位俄罗斯记者在发布会上用俄语向我提了一个问题。我不得不在所有媒体面前用俄语来回答她，那真是一个让人精神紧张的时刻，而我现在都不知道她究竟有没有听懂我的回答！我学会了如何用俄语讨论技术问题，如何阅读程序和核对表单，如何执行从无线电中传来的俄语指令，但我仍然很害怕俄语日常会话。在发射的日子到来前，我还在不断努力着。

俄语学习的困难之处在于你必须面对完全陌生的字母——俄语都是用西里尔字母书写的。起初，你会觉得一切都极为陌生，但西里尔字母中有一些与英语字母比较相似，只是读音不一样。当学习一种全新的语言时，具备一定的思维模式会有所帮助。你必须头脑灵活，找出其中与你的母语相似的概念或者模式，并尝试将新的单词与你所熟悉的事物建立联系，帮助你记忆单词。

下面这一系列测试可以用于评估你学习一种新语言的天赋。祝你好运！或者用俄语说："Удачи!"

测试1

不借助词典，将下列与航天有关的俄语词汇翻译为英语。你可以使用下面的表格作为辅助。

А а：类似 father 中的 a	**К к**：类似 class 中的 k	**Х х**：类似 loch 中的 h
Б б：类似 but 中的 b	**Л л**：类似 love 中的 l	**Ц ц**：类似 its 中的 ts
В в：类似 van 中的 v	**М м**：类似 mother 中的 m	**Ч ч**：类似 chess 中的 ch
Г г：类似 get 中的 g	**Н н**：类似 name 中的 n	**Ш ш**：类似 fish 中的 sh
Д д：类似 dress 中的 d	**О о**：类似 bottle 中的 o	**Щ щ**：类似 fresh chat 中的 shch
Е е：类似 yesterday 中的 ye	**П п**：类似 paper 中的 p	**Ъ ъ**：硬音符号
Ё ё：类似 yonder 中的 yo	**Р р**：类似 error 中的 r	**Ы ы**：类似 bill 中的 i
Ж ж：类似 measure 中的 zh	**С с**：类似 smile 中的 s	**Ь ь**：软音符号
З з：类似 zoo 中的 z	**Т т**：类似 ten 中的 t	**Э э**：类似 bet 中的 e
И и：类似 meet 中的 ee	**У у**：类似 cool 中的 u	**Ю ю**：类似 Yugoslavia 中的 yu
Й й：类似 toy 中的 y	**Ф ф**：类似 farm 中的 f	**Я я**：类似 yard 中的 ya

接下来，请翻译下列俄语词汇。

- модуль
- станция
- космонавт
- ракета
- капсула
- парашют
- процедура
- орбита
- камера
- траектория

测试2

下面列出的八个俄语单词，它们相互之间存在关联，但是现在它们的顺序被打乱了。利用测试1的表格，将它们先翻译为英语，然后按照正确的顺序排序。

- Сатурн
- Меркурий
- Юпитер
- Нептун
- Марс
- Венера
- Земля
- Уран

现在我们来试一试其他语言。下面这个测试要考查的依旧是你的核心语言学习能力，同时也会让你熟悉欧空局航天员，乃至国际航天界所使用的其他几种语言。

测试3

将下面八个与动物有关的荷兰语[1]单词与对应的英语单词做配对。加分项：说出列表中有哪些动物曾经上过太空。在

---

1 欧空局最大的办公室，欧洲空间研究和技术中心（ESTEC）就位于荷兰。——作者注

人类航天员之前，动物是早期航天任务中的探索先驱。

荷兰语：

- vlieg
- hert
- haan
- schildpad
- kikker
- aap
- neushoorn
- spin

英语：

- monkey
- deer
- frog
- rhinoceros
- turtle
- spider
- cockerel
- fly

测试4

以下是一组与食物有关的德语单词。通过联想英语（或者其他你了解的语言），尝试用一个单词或短语给出这些单词的释义。为了增加难度，这些单词中还隐藏有五个意思和食物无关的单词。你能把它们找出来吗？

- Reis
- Suppe
- Zucker
- Brezel
- Tischdecke
- Wassermelone

- Mais

- Salatgurke

- Honige

- Mittagessen

- Nudeln

- Schweinekotelett

- Karotten

- Gabel

- Becher

- Krabbe

- Auster

- Apfel

- Speisekarte

- Zitrone

测试 5

下面是一些常用的、与太空有关的单词或词组。它们是用与我同一批在 2009 年入选欧空局航天员的母语写的。你的任务是将这些单词与意思相同的英语单词或词组做配对。

提示：想一想在英语中有哪些看上去比较相似的词汇，可能会对你有所帮助。加分项：你能否区分出下面左列中不同的语言？

- passeggiata nello spazio
- amarrage
- hjelm
- fehlfunktion
- vaisseau spatial
- brûler le moteur
- rifiuto spaziale
- luftsluse
- densità ossea
- sonnenkollektor

- malfunction
- bone density
- spacecraft
- airlock
- space walk
- docking
- helmet
- solar panel
- engine burn
- space junk

测试6

这是一句意大利文：*Ho pulito il bagno dello spazio.* 对应的英文意思是：*I cleaned the space toilet.*（我打扫了太空厕所。）

好，现在请以上面例子中的词汇和语句结构作为线索，将下面的词汇排列成正确的顺序，以组成另一句与太空相关的意大利语句子。

pannello riparato ho solare il

加分项：将这句新造的句子翻译出来。

测试 7

以下句子是用法语写的关于太空的一些事实。你的任务是推测每句话的意思。

提示：同样地，想想英语中有哪些相似的单词。

1.Douze astronautes ont marché sur la lune.

2.Dans l'espace tu flottes.

3.Vous voyagez dans l'espace à bord d'une fusée.

4.Les astronautes réparent la station spatiale pendant les sorties dans l'espace.

5.La station spatiale internationale est une collaboration entre de nombreux pays.

测试 8

你能破译中文吗？

除了俄语以外，部分欧空局航天员也在学习中文。欧空局与中国的航天员已经开始共同训练，最终目标是未来在中国建设的大型空间站上一起工作。

如果说俄语是一门难学的语言，那么对于有些人来说，中文的难度可能更高，因为它使用的是与英语完全不同的书写体系，甚至与俄文使用的西里尔字母也完全不同。不过，汉字的笔画结构有时候会给你提供一种视觉线索，让你得以猜出这个字可能的含义。

请仔细观察下面五个中文词汇中加粗的汉字。你的任务是将它们与含义相同的英文单词做配对。

● window	**火**箭
● plane	**椅**
● rocket	**平**面
● astronaut	航天**员**
● chair	窗**口**

测试9

这道题很好地反映了国际航天界的多元状况。你的任务是找出不同语言中与航天员或航天话题相关，且意思相同的单词。下面共有五个英文单词，从下方其他语言书写的单词列表中找出两个与该英文单词含义相同的词汇。

- 组 1: buoyancy
- 组 2: teamwork
- 组 3: training
- 组 4: parachute
- 组 5: constellation

其他语言的单词: sternbild, flottabilité, entraînement, fallschirm, stjörnumerki, opdrift, lavoro di squadra, samenspel, formazione, valskerm。

测试 10

拥有良好的语言技巧并不仅仅意味着学习一些外文单词。太空旅行需要用到大量专业术语，这些术语都对应严格的科学含义。请看下方列出的词汇，给出简短释义，用的字词越少越好。即便自己并不清楚这个单词的确切含义，一位优秀的语言学家也能够使用他们此前知道的一些相似的词汇去给出最有把握的猜测。看看你能做到什么程度。

- ablation
- antipodal
- ephemeris
- geostationary
- gimbal

- hypergolic
- meridian
- perigee
- radiometer
- transponder

答案

核对一下答案，基于给出的评分规则给自己打个分。

测试1：俄语词汇翻译(10分)

舱(module)，（空间）站(station)，航天员(cosmonaut)，火箭(rocket)，密封舱(capsule)，降落伞(parachute)，程序(procedure)，轨道(orbit)，相机(camera)，轨道(trajectory)。

测试2：俄语单词翻译与排序(8分)

水星(Mercury)，金星(Venus)，地球(Earth)，火星(Mars)，木星(Jupiter)，土星(Saturn)，天王星(Uranus)，海王星(Neptune)。

测试3：荷兰语动物词汇配对(8分)

- vlieg = fly （苍蝇）
- hert = deer （鹿）
- haan = cockerel （小公鸡）
- schildpad（"shield toad"）= turtle （乌龟）
- kikker = frog （青蛙）
- aap = monkey （猴子）
- neushoorn（"nose horn"）= rhinoceros （犀牛）
- spin = spider （蜘蛛）

加分项（1分）：曾经进入过太空的动物包括苍蝇、猴子、青蛙、乌龟和蜘蛛。

测试 4 ：德语食物单词翻译(20 分)

- Reis = rice (米饭)

- Suppe = soup (汤)

- Zucker = sugar (糖)

- Brezel = pretzel (椒盐卷饼)

- Tischdecke = tablecloth （桌布），不是一种食物。

- Wassermelone = watermelon (西瓜)

- Mais = corn (玉米)

- Salatgurke（"salad gherkin"）= cucumber (黄瓜)

- Honige = honey (蜂蜜)

- Mittagessen = lunch （午餐），不是一种食物。

- Nudeln = noodles (面条)

- Schweinekotelett = pork cutlet (猪排)

- Karotten = carrot (胡萝卜)

- Gabel = fork （餐叉），不是一种食物。

- Becher = mug （马克杯），不是一种食物。

- Krabbe = crab (螃蟹)

- Auster = oyster (生蚝)

- Apfel = apple (苹果)

- Speisekarte = menu （菜单），不是一种食物。

- Zitrone = lemon (柠檬)

星际求职指南

测试5：欧洲语言词汇（10分）

- passeggiata nello spazio（意大利语）——spacewalk（太空行走）
- amarrage（法语）——docking [对接，形式上类似"marriage（婚姻）"]
- hjelm（挪威语）——helmet（头盔，它与英语单词很相似）
- Fehlfunktion（德语）——malfunction（它与英语单词很相似）
- vaisseau spatial（法语）——spacecraft [飞船，应该可以从"vessel（容器）"一词得到启发]
- brûler le moteur（法语）——engine burn [发动机启动，应该可以从"crème brûlée（法式烤布蕾）"想到"burn（燃烧）"]
- rifiuto spaziale（意大利语）——space junk [太空垃圾，可以从"rifiuto"与英语单词"refuse（拒绝）"的相似性推断出"垃圾"]
- Luftsluse（德语）——airlock [密封舱，可以从"Luft"猜出"air（空气）"，比如德国汉莎航空就是Lufthansa]
- densità ossea（意大利语）——bone density（骨密度）
- Sonnenkollektor（德语）——solar panel [太阳能板，根据相似性，可以猜出"sun collector（太阳能收集器）"]

加分项（1分）：我的航天员同伴使用的语言包括法语、德语、意大利语和挪威语。

测试6：造句与翻译

新造的意大利语句子：Ho riparato il pannello solare.（1分）

翻译：I repaired the solar panel.（1分，中文意为：我修理了

太阳能板。）

测试7：法语句子翻译（5分）

1. 英文：Twelve astronauts have walked on the Moon.

中文：有12名航天员曾在月面行走。

2. 英文：In space you float.

中文：在太空中，你会飘浮起来。

3. 英文：You travel to space in a rocket.

中文：你搭乘火箭进入太空。

4. 英文：Astronauts repair the space station on spacewalks.

中文：航天员在太空行走期间维修空间站。

5. 英文：The International Space Station is a collaboration between a number of countries.

中文：国际空间站是多国合作的产物。

测试8：中文汉字（5分）

火箭 = rocket

椅 = chair

平面 = plane

航天**员** = astronaut

窗**口** = window

测试9：语义配对(10分)

- 组 1: buoyancy（浮力）= flottabilité（法语），opdrift（丹麦语）
- 组 2: teamwork（团队合作）= lavoro di squadra（意大利语），samenspel(荷兰语)
- 组 3: training （训练）= entraînement（法语），formazione（意大利语）
- 组 4: parachute（降落伞）= Fallschirm（德语），valskerm(南非荷兰语)
- 组 5: constellation（星座）= Sternbild（德语），stjörnumerki（冰岛语）

测试10：英语单词释义(10分)

- ablation（烧蚀）：随时间推移外表层产生的损耗，比如飞船再入大气层时其隔热层遭受的侵蚀。

- antipodal（对跖的）：地球的另一侧。
- ephemeris（星历表）：天体（如行星和恒星）位置表。
- geostationary（对地静止的）：相对于地表固定点保持静止状态。
- gimbal（万向节）：一种可以让设备一直指向某一方向的装置，比如让太阳能板指向太阳。
- hypergolic（自燃的）：当一种物质与另一种物质混合时发生的自发燃烧，尤其是在火箭内部。
- meridian（经线）：球体表面连接南北极点的线。
- perigee（近地点）：在一个物体围绕地球公转的轨道上，距离地球最近的点。
- radiometer（辐射计）：一种可以探测并测量电磁辐射（比如可见光或无线电波）强度的设备。
- transponder（转发器）：一种设备，它接收到初始信号后会自动转发二次信号。

测试复盘

你得了几分？

0~30 分

你发现学习其他语言并不容易，有这种感觉的人不在少数，所以不用觉得灰心丧气。学习其他语言需要练习，只要花上足够时间，每个人都能学会一门外语。对于航天员来说，毅力是一种非常重要的品质。

31~60 分

你在学习外语方面有很好的潜质，而且你的英语词汇量也比较大。

61~90 分

太棒了！你是一位有天赋的语言学家，如果加上勤奋努力，你应该可以很好地掌握不同的语言。干得好！

人类行为与表现（HBP）训练：第一部分

到目前为止，这本书都在考验你的"硬技能"，比如你的智力水平，你的语言天赋等。但是，要成为一位现代航天员，所需的远不止于此。太空任务只持续几天或一周的时代早就过去了。今天，在国际空间站上执行任务的航天员必须要连续在太空工作至少六个月。

在这段时间里，你必须与他人分享这一狭小的空间，并且这些人常常拥有不同的文化背景。在一个遥远且不宜居的环境下日复一日地生活，这要求航天员具备杰出的人际交往能力，理解他人行为以及人们在各种不同压力环境下将会作出何种反应的能力。

在本章的后续部分，我们将会让你体会作为一名航天员，会怎么想，怎么做。首先，请尝试回答下面的问题，看看当面对这些太空生活中经常会碰到的情况时你会如何反应，并思考哪些是你必须具备的技能。

测试1

在根据步骤开展一项科学实验时，你意识到自己前面有几个步骤的操作顺序弄错了。你自己评估了一下，认为这应该不会对最后的实验结果产生影响，并且在此过程中也没有造成任何损害。此时你会：

a）继续操作，但记录下此前的错误流程并上报地面指挥中心。

b）停止操作，通过语音将有关错误操作的情况报告给地面指挥中心，等待后续指令。

c）继续操作，因为你评估认为这类错误不会对结果产生影响。

d）询问同伴的处理意见。

测试2

当你按照日程应该使用健身脚踏车锻炼身体时，你发现一位同事正在使用这台设备，此时你会：

a）转而使用跑步机进行锻炼。

b）报告地面指挥中心重新安排你的日程。

c）打断同事的锻炼并就此事进行讨论。

d）先去做其他事情，直到这台设备空出来你再去用。

测试3

你留意到你的同事做某件事的方式并不是最有效的。你认为以下这些处理方式中，哪两项是比较好的选择？

a）在所有人面前提起此事，这样就能让大家都有提高。

b）询问同事，了解他们是否想听听你的意见。

c）询问同事为何采用此种方式，并解释为何你更倾向于

航天员训练

采用另外一种方式。

　　d）在提供正面反馈的同时，也指出不足之处。

　　e）不管他们，毕竟每个人都有自己的做事方式。

测试 4

　　你留意到剩下的咖啡不多了，但距离可以开启下一箱饮料还有五天。据此，你怀疑有同事喝咖啡的量超过了规定的配额。你会：

　　a）把属于自己的那份咖啡拿到自己的住宿区，这样至少可以确保自己的那份是足量的。

　　b）什么都不说，大不了提前几天打开下一箱饮料，这样也可以避免尴尬。

　　c）私下里悄悄和你怀疑多喝了咖啡的那位同事沟通一下。

　　d）向全体成员提出：我们大家似乎消耗了过多的咖啡，并询问大家是否有什么建议，可以让下一箱饮料能够维持更长时间。

测试 5

　　你正身着航天服在气闸舱内工作。当你完成任务之后，你突然发现少了一个工具。此时你会：

　　a）留一个便签，提醒在这一天的工作结束时查看一下回风过滤器，因为毫无疑问它会在那里出现。

　　b）告诉你的同事们，并提醒他们留意那个工具。

c）自己花几分钟时间找找看。

d）通报地面指挥中心，报告有工具找不到了。

测试6

你注意到国际空间站上一台风扇的转速发生了变化，这可能说明它出现了某种故障。上次出现这种情况的时候你表示了担忧，但遭到了大家的忽略。这一次，你会怎么做？

a）不采取任何行动，因为很显然这件事并不重要，否则前一次他们就会处理这件事了。

b）写下这件事，这样至少会留下记录。

c）在一天工作结束时，写邮件给地面指挥中心。

d）寻找适当的方式，再次向同事们提起此事。

测试7

你发现近期你的一位同伴似乎变得沉默寡言。平常这些人都挺健谈的，但现在大家都不怎么说话。你觉得你可以采取以下哪两种做法？

a）说一些轻松愉快的笑话，告诉大家振作起来——大家要开心一点，毕竟太空是一个多么酷的地方啊！

b）主动问问大家情况如何，是否一切顺利。

c）用实际行动给予同伴一些小支持，比如主动请缨承担一些比较不受大家欢迎的工作任务。

d）向地面指挥中心报告这种情况，因为这有可能威胁到整个乘组的安全。

测试8

你上一次与地面上的伴侣通话时不太顺利。你有些焦躁不安，通话最终不欢而散。这件事一直积压在你心里，今天早上你发现自己需要花费更多时间才能完成一些常规工作。你会：

a）克服它——或许明天一切就会变好的。

b）向另一位同伴倾诉，让他们知道你只是有些心事，并无大碍。

c）与地面上一位自己信任的朋友、亲戚或同事通话，看看能否帮上忙。

d）请地面指挥中心为你今天的日程留出一些喘息空间。

测试9

你听到指令长通过无线电向地面给出了一个你认为不正确的回复。你会：

a）通过无线电联系地面，更正此回答。

b）推断指令长的回复可能是正确的。

c）找到指令长，面对面提出你的疑问。

d）向另一位乘组成员提出你的疑问。

答案

　　将你的答案与下面的答案进行对照。在现实中，处理这些事情的方案可能不会像答案中给出的那么简单。航天员通常是任务导向型的人，他们总是会追求最高效率。然而，举止得体、善于交际和体谅他人仍然是作为航天员的重要品质。以下是专家们给出的一些建议：

测试1

　　b）停止操作，通过语音将有关错误操作的情况报告给地面指挥中心，等待后续指令。

　　当涉及在国际空间站上的任何科学实验时，你本人很可能并没有足够的能力去判断你的错误操作对实验结果造成的影响。相比之下，地面上的专家会是更适合做出评估的人。继续操作只会让事情变得更糟。只需无线电里说一声，就可以消除不确定性，并防止科学数据丢失。

测试2

　　c）打断同事的锻炼并就此事进行讨论。

　　在太空中，锻炼是非常重要的。你在地面上的医学团队需要你在规定的时间内做规定的健身运动。在太空中每一项活动都是在考虑很多因素之后仔细协调的结果，所以对此安排的任何改变都应该经过讨论并通知乘组。或许你并不想打断你同伴的锻炼，但只需要一段非常简短的对话就可以让事情快速得到解决——可能你的同伴只是没有注意时间！

测试3

c）询问同事为何采用此种方式，并解释为何你更倾向于采用另外一种方式。
d）在提供正面反馈的同时，也指出不足之处。

你的同事们之所以这样做可能有他们的理由，因此，最佳的做法是先询问他们这样做背后的逻辑是什么，随后再礼貌地提出你关于另一种做法的建议，如果你认为你的方法的确更好的话。你也可以询问你的同伴们是否乐于接受反馈，但在现实中，航天员会不断收到关于自己表现的外界反馈，所以这个问题的答案将会是肯定的；但如果这个问题的答案是否定的，那就将引出一个更为棘手的问题：在这种情况下，你是否仍然会坚持给出你的反馈意见？一个好的沟通者总是会设法指出他人的行为会产生的正面和负面影响。

测试4

d）向全体成员提出：我们大家似乎消耗了过多的咖啡，并询问大家是否有什么建议，可以让下一箱饮料能够维持更长时间。

这件事可能看上去微不足道，但有时候冲突就缘于鸡毛蒜皮——比如是谁喝光了所有的咖啡！面对这种情况，最佳的处理方式可能是将其作为一般性话题和大家一起讨论，而不是追究责任。在太空中，食物和饮料是有严格配额的，提早打开下一个食品箱不是选项之一，因为这样做只会在未来带来更大的问题。

测试5

正确答案应该是：全选！

在气闸舱弄丢了工具不是一件可以保持沉默的事情。首先，气闸舱里有非常珍贵且重要的设备，比如航天服。其次，气闸舱应当始终保持洁净状态，这样当航天员打开闸门进行太空行走时，物品才不至于到处飘浮，最终飘向太空。另外，地面指挥中心在找东西这件事情上真的很厉害，他们总是可以通过摄像机镜头找到航天员找不到的东西。其他航天员也需要知道这件事情，这样他们才能留心这个工具，因为它可能会在任何地方出现。还有，找到丢失的物品的最好时机就是在刚刚发现它不见的第一时间展开搜寻，在它飘远之前找到它。最后，后续可能会组织更为彻底的搜寻，在这种情况下，气流往往会把飘浮的物品带向回风过滤器，所以在晚些时候查看一下这个位置，或许可以帮你节约很多时间。

测试6

d）寻找适当的方式，再次向同事们提起此事。

在太空中，安全是头等大事，因此你绝不可害怕说出来，即便这可能意味着反对某位更资深乘员或某位过去曾经否定过你意见的人。一位优秀的乘组成员总是会说出自己的安全顾虑。先在组员之间进行讨论永远是有益的，因为这会让指令长在与地面进行通话之前掌握所有必要的信息。比如说，或许你的另一位同事最近就正在尝试解决你所察觉到的那个问题。

测试7

b）主动问问大家情况如何，是否一切顺利。
c）用实际行动给予同伴一些小支持，比如主动请缨承担一些比较不受大家欢迎的工作任务。

作为一名好的乘组成员必须懂得相互关心，而这经常意味着关心事情的进展，即便大家看上去都一切正常。在长达数年的共同训练生活之后，乘员之间其实都非常熟悉彼此的性情了，因此如果事情不太对劲，通常是可以察觉到的。开开玩笑是非常好的做法，但如果你发现确实遇到了真正的问题，你是不会这么做的，因为那样不会得到严肃的回应。而如果你在没有与同伴交谈之前就直接联系地面指挥中心，这可能会辜负同伴对你的信任。

测试8

或许也应该是全选！

航天员训练的部分目的是让你加深对自己的了解。洞穴训练（见插页1）和 NEEMO（见插页2）对这一话题进行了更加详细的讨论。有一点很重要，就是你能够区分哪些问题是你自己可以克服的，哪些问题是你应该说出来的，尤其当这个问题影响到了你工作的时候。在这种情况下，如果能够跟什么人谈谈将会是最好的选择。在你飞向太空之前，你就已经指定好了一组你信赖的朋友和（或）亲属，当发生此类状况时，他们会向你和你的家庭提供协助。此外，其他同伴通常也可以提供支持，因此最好也让他们了解你今天过得并不开心。最后，如果你的工作逐渐落后于计划进度，早一点将情况通报给你的同伴或者指挥中心总归是更好的做法，而不是自己拼命赶进度，因为这样更容易忙中出错。

测试9

c）找到指令长，面对面提出你的疑问。

每个人都会犯错，因此如果你觉得某件事情是错误的，提出来总是一件好事。不过，出于礼貌和人际交往技巧，你可以私下里找到你的指令长，当面提出你的顾虑。

测试复盘

你做得怎么样？这个部分并没有什么评分标准，因为一旦涉及复杂的人际关系，那就很少有（如果确实有的话）正确答案。不过，你可以看到要想成为一名航天员，你需要掌握的绝非操作机械设备或者驾驶火箭那么简单。

为了确保你掌握全套在轨生存的技能，航天员必须接受名为"人类行为与表现（HBP）"的训练课程。该训练涵盖了在日常情境下，也许更加重要的是，在一些紧急状况下，人们应该如何互动、沟通、领导以及服从指令。受训者将被置于压力情境下，并会在事后获得关于自己行为和沟通能力的反馈。欧空局的HBP课程包括为期五天的研讨会，内容涵盖沟通技巧、自我照料、环境感知、团队合作、决策、冲突管理、观察、反馈以及任务汇报。在这期间，会引入可观测的行为，即"行为标记（behavioural markers）"的概念。

在航天员的HBP训练课程中，有相当大一部分最初都是由航空业制订的，但也大量借鉴了商业、医学和军事领域的一些行为训练方法。

受训者会使用三台被称作"Interlab"的电脑模拟器开展训练，这些设备是由Ninecubes Lernmedien公司与汉莎航空飞行训练部门合作开发的。受训者必须团队合作，在一个复杂的游戏中协调各自的行为，并由受过训练的行为观察者提供反馈意见，引导进行任务复盘。在五天的训练结束时，航天员会对自己和他人的行为有更为深刻的认知。这些认知在后续的HBP训练中将变得至关重要，他们将与不同文化背景的航天员受训者一起，在地下洞穴中生活数日。

在本书的下一节中，你可以尝试一些问题和小测试，它将帮助你识别并测试你自己的"行为标记"。HBP训练的目标是明确的，那就是让受训者建立起一个必备技能工具箱。关于哪些能力或行为标记对于航天员乘组团队是至关重要的，国际空间站项目的所有国际合作方之间是存在共识的。成功的秘诀就是不断分析你此前的表现和行为，并用这些信息去规范你之后的行动，直到那些所需的能力演变为你的第二天性。为了测试你的团队合作能力，最好是分组玩这些游戏，所以，叫上你的朋友、家人或工作伙伴一起来吧。不过，其中有一些活动也是可以单独进行的。

交流沟通

　　当进行交流沟通时，最重要的是要确保你传达的信息是清晰简练的。但凡可能，在你第一次开口时就应该包含所有重要信息。这可以有效避免后续问题和多余对话，而这将占据无线信道，从而影响其他信息的传递。一个好的沟通者在说话时还会考虑对方的具体情况。比如在与一个职业不同的人对话时，就有必要去除所有不必要的技术细节，你肯定不希望用一堆术语造成对方的困惑。在类似国际空间站这样的国际合作项目中，航天员和地面指挥中心的工作人员往往都来自世界各地，因此航天员应该注意避免使用俚语、成语、谚语以及其他特定文化背景下的说法，这些对于其他文化背景的人来说会很难理解。当然，尽可能传递清晰简练的信息还只是有效沟通的一半。作为另一半，倾听的一方也有责任认真聆听并正确解读其含义。

　　由于沟通上出现问题而导致的事故和差错多到令人惊讶。当我在接受航天员训练的时候，作为2009年航天员训练课程的一部分，西班牙特内里费空难是我们最早学到的案例：1977年，两架波音747飞机在这个西班牙度假岛屿的机场跑道上相撞，造成583名乘客死亡，使其成为世界航空史上死伤最惨重的事故。当时荷兰皇家航空KLM4805号班机正准备起飞，与此同时，泛美航空PA1736号航班却仍在跑道上。当天机场被大雾笼罩，更让事情雪上加霜。在课程中，我们讨论了这起事故中各方的行为，并思考如何避免这一事故。

以下展示的是当时机场塔台与飞行机组之间的部分对话。当时泛美航空机组正努力在浓雾笼罩的情况下寻找正确的跑道出口，而荷兰皇家航空的机长正着急起飞：

1702:03.6	泛美航空（PA）副机长	呃……我们接到指示与你联系，并且在跑道上滑行，是这样吗？
1702:08.4	特内里费塔台	是的，请滑入跑道，然后，呃，从第三条滑行道脱离，左边第三条。
1702:16.4	PA 副机长	左边第三条滑行道，明白。
1702:18.4	PA 飞航工程师	他说第三条。
1702:20.6	特内里费塔台	你左边的第三条。
1702:21.9	PA 机长	我觉得他说的是第一条。
1702:26.4	PA 副机长	我再问他一次。
1703:12.1	PA 副机长	他说的肯定是第三条……我再问一次吧。
1703:14.2	PA 机长	好的。
1703:29.3	PA 副机长	请确认快船 1736 是否从左边第三条滑行道脱离？
1703:35.1	PA 机长	一，二。
1703:36.4	特内里费塔台	第三条，先生，一二三，第三条。
1703:40.1	PA 机长	这正是我们需要的，没错，第三条滑行道。
1703:42.9	PA 飞航工程师	（西班牙语）一，二，三。
1703:44.0	PA 机长	（西班牙语）一，二，三。
1703:44.9	PA 飞航工程师	（西班牙语）第——三——条，没错。

几分钟之后：

1705:44.8	荷兰皇家航空（KLM）无线电	呃，KLM 4805，已经准备好起飞，我们正在等待放行许可。
1705:53.4	特内里费塔台	KLM 4805，呃，允许前往 P 信标，爬升并保持飞行高度 90，起飞后右转，航向 040，直到切入拉斯帕尔马斯 VOR 325 径向线。
1706:09.6	KLM 无线电	明白，允许前往 P 信标，飞行高度 90，右转至 040，直至切入 325。我们现在（起飞）。
1706:13.0	KLM 机长	我们现在起飞。
1706:18.19	特内里费塔台	好的。
1706:19.3	PA 副机长	不……呃。
1706:20.08	特内里费塔台	准备起飞，我会通知你们。（KLM 航班未听到此信息）
1706:20.3	PA 副机长	我们还在跑道上滑行，快船 1736。（KLM 航班未听到此信息）
1706:25.6	特内里费塔台	明白，PA1736，脱离跑道后请报告。
1706:29.6	PA 副机长	好的，脱离跑道后我们会报告的。
1706:32.43	KLM 飞航工程师	泛美航空还没脱离跑道吗？
1706:34.1	KLM 机长	你说什么？
1706:34.15	KLM（不清楚谁的声音）	是的。
1706:34.7	KLM 飞航工程师	还没脱离跑道吗？那架泛美的飞机？
1706:35.7	KLM 机长	噢，是的（强调口吻）。
1706:50.0		撞击发生。

　　　　　　　　　　　　　　　　　　　　　星际求职指南

导致此次悲剧事件发生的原因很复杂，但我们很容易看到不良的沟通、误解和困惑在此次撞击事件中扮演了非常重要的角色。

以下测试旨在考查个人和团队沟通情况。良好的沟通是团队成功的秘诀，也是你通往太空之路上需要掌握的关键技巧。祝你好运！

测试1：音标字母

北约音标字母（如用"Alpha"代替A，用"Bravo"代替B等）是航天员经常使用的一种方法，它可以降低由于发音导致误解的风险。航天员在训练期间必须熟记整套北约音标字母。在这一节结尾处列出了这套字母体系的完整表格。

看看下面这张表格，在没看过完整表格的情况下，你能填出多少字母和单词。*提示：如果你一个单词都不知道，那你可以先去结尾看一下完整表格，看上五分钟，尝试记住尽可能多的单词。不断重复这项测试，直到你确定自己可以完整记住整张表格。*

Letter	Word
A	Alfa/Alpha
B	Bravo
C	
D	
E	
F	
G	
H	
I	
J	
K	
L	
M	
N	
O	
P	
Q	
R	
S	
T	
U	
V	
W	
X	
Y	
Z	

测试2：图像排序——团队活动

在太空中，经常会出现这样的情况：你需要向别人描述你看到的，他却看不到的东西。比如当你在太空行走期间进行设备维修时，你与地面指挥中心之间的通话就属于这类情况。此时很关键的一点就是，你所传达的信息必须是快速而精确的。一个有效的团队应该可以很好地完成这一任务。

这项测试最好有4~5人参加，因而可以作为一项很好的家庭活动，你所需要的仅仅是一副扑克牌和一个计时器。首先把副牌（鬼牌）去掉，剩下52张正牌；洗牌，然后每位成员发两张牌，正面朝下。不要让其他人看到你的牌。

你们小组的任务是将牌按某种数字顺序排列（比如升序，即数字从小到大排列），但整个过程必须保证牌是正面朝下的，且互相之间不能看别人的牌，你们之间只能通过语言沟通。

开始计时。一旦你们觉得自己已经完成了排序（再次提醒：过程中不得向其他人展示你的牌），那么所有成员应该把牌排成一列（正面朝下）并停止计时。翻转牌面，看看排序是否正确。再看看你们花了多长时间。

重复这一测试。你们能否通过提升自己的沟通技巧从而缩短时间？一旦你们发现已经对某种顺序很熟悉了，那么可以尝试换一种顺序。看看在不同的顺序下，不同的沟通技巧是否更有效。

以下是一些可以尝试的顺序：
● 数字顺序（比如降序）。
● 字母顺序［比如红心（Hearts）4（Four）在方块（Spades）4（Four）前，在梅花（Clubs）K（King）前］。
●先黑色，再红色*。
●先奇数，再偶数*。
●先红心，再梅花，再方块，最后黑桃*。
（*数字顺序不重要。）

测试3：单词排序

通过给扑克牌排序可以提升团队合作的艺术，但如果没人告诉你顺序呢？

本环节的任务适合2~4人参与，你的小组会分到四个单词。你必须将这四个单词分别写到四张纸上，并尽可能地将这些纸条平分给你的组员们。

除了你刚刚拿到的四个单词之外，你还会额外收到两个单词，分别放在刚刚四个单词的最前面和最后面，从而组成一条六个单词的序列。作为一个团队，你的挑战在于如何将那四个单词按照正确的顺序放到这两个单词中间去。

在你开始之前，这里先看一个例子。假如你拿到的单词是：汽车，自行车，飞机，火车，然后你必须将它们按照一定顺序填到中间的空白处：步行，_____，_____，_____，_____，火箭。很显然这个例子要求对交通工具按照从慢到快的顺序排列，因此正确的排列方式应该是：步行，自行车，汽车，火车，飞机，火箭。

这项任务考查的是批判性思维与合作。有时候答案会是显而易见的，但情况并非总是如此。你能否通过认真聆听组员们的表达，迅速找出正确答案？为了协助你完成任务，你的小组可以有三次检索互联网的机会。团队成员们必须共同决定什么时候是运用检索的最佳时机。

下面是十组"四个单词"，再后面跟着的是"六个单词的序列"的头尾两个单词，你需要将前面四个单词以正确的顺序填到它们中间去。

1. 蜘蛛，狗，黄蜂，人。

2. 利马，伦敦，开罗，北京。

3. 肱骨，锁骨，腓骨，髌骨。

4. 高脚杯，社团，囚徒，密室。

5. 粉色，棕色，蓝色，绿色。

6. 海王星（Neptune），火星（Mars），土星（Saturn），木星（Jupiter）。

7. 海伦（Helen），阿比盖尔（Abigail），妮娜（Nina），露西（Lucie）。

8. 4（Four），5（Five），3（Three），4（Four）。

9. 克罗地亚（Croatia），法国（France），加拿大（Canada），莫桑比克（Mozambique）。

10. 易怒（Tetchy），高兴（Joyful），愚蠢（Foolish），医生（Medic）。

1. 蛇，＿＿＿＿，＿＿＿＿，＿＿＿＿，＿＿＿＿，螃蟹。

2. 奥斯陆，＿＿＿＿，＿＿＿＿，＿＿＿＿，＿＿＿＿，堪培拉。

3. 颅骨，＿＿＿＿，＿＿＿＿，＿＿＿＿，＿＿＿＿，跖骨。

4. 魔法石，＿＿＿＿，＿＿＿＿，＿＿＿＿，混血。

5. 黄色，＿＿＿＿，＿＿＿＿，＿＿＿＿，＿＿＿＿，黑色。

6. 地球（Earth），＿＿＿＿，＿＿＿＿，＿＿＿＿，＿＿＿＿，天王星（Uranus）。

7. 莎拉（Sarah），＿＿＿＿，＿＿＿＿，＿＿＿＿，＿＿＿＿，艾丽卡（Erica）。

8. 2（Two），＿＿＿＿，＿＿＿＿，＿＿＿＿，＿＿＿＿，4（Four）。

9. 乍得（Chad），＿＿＿＿，＿＿＿＿，＿＿＿＿，＿＿＿＿，毛里

塔尼亚（Mauritania）。

10.害羞（Shy），_____，_____，_____，_____，疲惫（Tired）。

测试4：非语言交流

很多人类互动是通过非语言的方式进行的。有时候我们一句话都不用说，我们的面部表情就说明了一切，还有些时候，用手势传达信息比通过语言传达高效得多。当语言交流无法进行或者不方便进行时，非语言交流的形式就会变得非常有用。然而，这些信号经常会遭到错误解读。要想让非语言信息得到清晰传递，很重要的一点是信息的发送者和接收者都必须能传递和识别出正确的情绪含义。

这项练习探索的是透过人的肢体语言传达情绪和信息的能力。首先，请观察下面给出的几张面部表情照片，并写下你认为每张照片所传递的情绪含义。

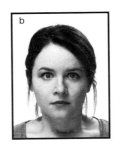

　　上面这一步是检测你的情绪识别能力，接下来要测试你能否准确地传达这类非语言信息：和你的小组同伴一起，大家轮流在小纸片上写下某种情绪状态，然后折好放到一起。不必局限于前面提到的情绪，比如可以写：惭愧，困惑，尴尬，嫉妒，孤独，放松，兴奋，紧张等。

　　收集到十几张纸条后，你们就可以轮流从中抽取一张。你的任务是只用面部表情来表演纸条上的情绪，让小组其他成员去猜你手里那张纸条上写的是什么。大家轮流表演。如果你是一个人玩这个游戏，你可以把这些小纸条打乱，然后随机抽取一张，对着镜子做出相应的面部表情，速度必须尽可能快。怎么样？你觉得你的表情能够准确传达相应的情绪状态吗？

现在，尝试在其中加入一些信息。重复上面的过程，但这次可以加入手势或其他肢体语言来帮助你更好地传递信息。你可以试试用肢体语言传递以下信息：在那等着；对，没错；小心；继续；我听不到你说的话；再做一次；看着我；我看不到；紧急停止；我不确定。

在完成上面的练习之后，与小组内其他成员进行交流讨论，如果你是自己玩这个游戏，那么你可以自己复盘一下整个过程：是不是有些信息传达起来要比其他信息更容易？是不是有些信息更容易被他人误读？随着你更加认识到自身的表情或肢体语言会如何被他人解读，你是否有所改进？以及，你现在是否能够更好地识别他人的情绪状态？你觉得这些知识对你未来在太空的生活有何帮助？

答案

测试 1

Letter	Word
A	Alfa/Alpha
B	Bravo
C	Charlie
D	Delta
E	Echo
F	Foxtrot
G	Golf
H	Hotel
I	India
J	Juliet
K	Kilo
L	Lima
M	Mike
N	November
O	Oscar
P	Papa
Q	Quebec
R	Romeo
S	Sierra
T	Tango
U	Uniform
V	Victor
W	Whiskey
X	X-Ray
Y	Yankee
Z	Zulu

测试2

　　与你的伙伴们讨论，询问他们觉得游戏进行是否顺利，并探讨提高效率的办法。比方说，是否有什么办法来确定哪个人先开口？然后洗牌，给每个人再多发两张牌，重新进行游戏。你们能打破之前的纪录吗？

　　说到底，你们选用什么排序方式并不重要。这里最关键的地方在于：在这个游戏中，所有的参与者都有着共同的目标，并且每个人手里都掌握着独特的，且对于达成这个目标至关重要的信息。通过对各自表现的讨论，你们将创建一个共同的思维模式，这将有助于未来你们更加高效地交流，同时也可以找到进一步改进效率的方法。

测试3

　　1.蛇，人，狗，黄蜂，蜘蛛，螃蟹（按照腿的数量排序，分别有0，2，4，6，8，10条）。

　　2.奥斯陆，伦敦，北京，开罗，利马，堪培拉（按照纬度从北向南排序）。

　　3.颅骨，锁骨，肱骨，髌骨，腓骨，跖骨（按照骨头的位置从头到脚排序）。

　　4.魔法石，密室，囚徒，高脚杯，社团，混血（按照哈利波特系列名字排序）。

　　5.黄色，绿色，棕色，蓝色，粉色，黑色（按照不同颜色斯诺克球的分值由低到高排序）。

6. 地球（Earth），木星（Jupiter），火星（Mars），海王星（Neptune），土星（Saturn），天王星（Uranus）（按照首字母排序）。

7. 莎拉(Sarah)，海伦(Helen)，妮娜(Nina)，阿比盖尔(Abigail)，露西(Lucie)，艾丽卡(Erica)（每个名字的首字母都是前一个名字的最后一个字母）。

8. 2（Two），3（Three），5（Five），4（Four），4（Four），4（Four）（每个数字都是前一个数字的英文单词的字母数量）。

9. 乍得（Chad），法国（France），加拿大（Canada），克罗地亚(Croatia)，莫桑比克(Mozambique)，毛里塔尼亚(Mauritania)（按照其英文国名中元音字母的个数排序，分别是1，2，3，4，5，6个）。

10. 害羞(Shy)，医生(Medic)，愚蠢(Foolish)，易怒(Tetchy)，高兴(Joyful)，疲惫(Tired)[《白雪公主》中前六个小矮人名字同（近）义词的字母排序：Bashful（害羞），Doc（医生），Dopey（糊涂），Grumpy（易怒），Happy（高兴），以及Sleepy（困倦）]。

测试4

识别人类的面部表情和肢体语言并进行正确解读，有时候是非常困难的。有些人会比其他人更加擅长这方面，他们不仅可以清晰传达非语言信号，而且能很好地解读这种信号。然而，经过练习，你也可以在这方面取得进步。以下是前面几张照片所代表的情绪含义：

a）开心　b）害怕　c）尴尬　d）生气　e）恶心

测试复盘

在这一环节，你感觉如何？你是否觉得个人测试要比团队测试简单一些？你所在的小组内部有没有发生争吵，或者对彼此感到失望？

作为一名航天员，沟通是一项关键能力，不管是与其他航天员，还是与地面指挥中心沟通，或是从太空返回地球之后面对公众交流。在筛选航天员的过程中，也会有意识去挑选那些天生就具有良好沟通能力的人，但"人类行为与表现（HBP）"训练将聚焦对航天员的培养，使他们具备成为一名成功的太空旅客及合格飞行乘组成员所需的沟通技巧。

作为一名航天员，要想清晰明了地传递信息，意味着你必须使用常见、易于理解的词汇。不过，在某些情境下，航天员也将不得不使用一些非常精确的技术性语言，原则就是尽可能用最少的词汇实现信息的传递。下面是我在一次太空行走期间的对话片段。其中的某些部分，如果你不具备一些技术词汇缩写的储备知识，可能会很难看懂，但对于我的航天员同事以及地面指挥中心的工作人员来说，这些话都清晰明了，易于理解。

地面：你来得及吗？

我：当然，我找到了节点舱一线缆，我刚刚在023号实验柜的前向把手上放了一个扎带，把MDM的线圈暂时扎起来了。

地面：很好，是个好消息。注意：等你回到这一区域时，要避免碰到天鹅座的推进器或CBM瓣，随后你再回节点舱一，连接V605-J605。[1]

在太空里，没人喜欢惊喜。因此，但凡时间允许，你在采取任何行动之前都应该清楚表明你的意图。这样才能让其他人有所准备并做出反应，或是在必要情况下提供协助。这样做也可以让其他人有机会对你将要进行的行为提出疑问，或者预料你的行为可能导致的问题。我记得在我执行任务期间，在进行了将近三个小时的太空行走之后，我正准备向下，去寻求号（Quest）气闸舱那里回收一些设备，此时国际空间站正飞行在美国俄克拉何马州和阿肯色州的上空。就在这时，我注意到我的缆绳有被两台相机缠绕的风险，于是我把情况告诉了正和我一同执行太空行走任务的同伴——NASA航天员蒂姆·科普拉（Tim Kopra），并告知他我将要采取行动消除这个风险。

很显然，对于一名航天员来说，能够进行良好沟通，并与团队有效协同工作是一项关键能力，尤其在面对国际空间站上出现的复杂紧急情况时更是如此。这种时候指令长可能不得不分配许多重要任务给每位乘员，还需要对所有活动进

1　MDM：复用器 / 分复用器。
　　CBM：通用接驳装置。——编者注

行紧密协调。假如在此过程中有哪一步没有做到协调一致，就可能导致任务成功或空间站完全失控。为了避免这种情况发生，以下是一些与沟通有关的关键性原则，供预备航天员参考。

航天员必备：沟通技巧

- 在事情变得紧急之前提出问题，从而可以在事态升级之前就解决。
- 沟通是一个双向过程。一位好的沟通者会优化情境，确保每一条信息都得到连贯的传达；而一位好的聆听者则会尽最大努力倾听，以确保理解所有信息。
- 确认你所说的话已经被对方正确理解，如果发现不是这样，尝试换一种说法再解释一次。
- 作为一位好的沟通者，经常意味着你需要决定什么时候该先说，什么时候该先做。
- 在一些重要的对话期间，保持专注姿态和眼神交流，让其他人知道你正在听他们说话。
- 别着急，等其他人说完，你再做出回应。
- 对于团队中那些总是沉默的成员们，确保他们的想法和反应不会被忽视。
- 感谢其他人的参与，并尊重所有的意见、建议和反馈。

大都市中的骚乱

我想以一个沟通能力测试来结束这一节，这个测试也是航天员选拔过程第二阶段的一部分。

这项测试如下：你需要与另一位同伴在计算机上完成一项任务。你们只能通过语音交流，彼此之间无法看到，也无法得知对方电脑屏幕上的内容。一位心理学家将全程观察你们的表现。你们要完成的任务是一同管理一个大城市中心繁忙十字路口的车流。你负责控制一半的红绿灯，你的伙伴负责控制另一半的红绿灯，你们需要彼此合作，确保所有车辆畅通，避免拥堵。

然而，在你们进行这项任务时，每个人还会在屏幕上收到需要单独完成的任务，比如要求你让更多的蓝色车子通过路口，而不是红色车子。与此同时，你的伙伴可能会收到完全相反的任务，比如要求让更多的红色车子经过，而不是蓝色车子。当然，你们各自接到的任务也可能完全不相关。至于是否将你收到的任务告知你的同伴，决定权完全在你。现在，请思考你会怎么做，然后再继续往下读。

不难看出为何这项游戏会成为航天员选拔过程的一部分。从最基本的层面上说，它可以测试你在压力下的冷静程度，以及你快速且精确地与同伴之间进行信息沟通的能力。同时，它也是一项很不错的空间感知能力测试，因为你要做的，是在一个有限的区域内找到一种最高效的方式移动物体。除此之外，这项任务还可以测试你的团队合作技巧以及你与他人合作的意向。你是否决定去尝试，并与你的伙伴合作来达成你们各自的目标以及你们团队的共同目标？

很多人都觉得这个测试非常困难，当他们从测试房间走出来时，脸上是肉眼可见的沮丧。很显然，在某些案例中，两人之间的交流完全终止了——有些候选人把自己的得分看得比实现团队共同目标更重。那些更为放松的测试者往往能够得到更好的结果，尤其是如果他能带着轻松幽默的心态来参加测试，就更是如此。请在心中牢记这一点，因为后续你将会收到越来越多的团队任务。

团队合作与集体生活

国际空间站是一个充满挑战的环境。作为一名航天员，你必须在一种不同寻常的失重环境下与同样的人一起共同生活数月。你的伙伴与你拥有不同的专业和文化背景，不同的做事方式和不同的情感需求。你如何确保大家能够和睦相处，并作为一个团队一起完成工作？

其中的诀窍之一就是团队合作。在太空中，跟上紧凑的工作日程非常困难，一天中大部分时间你可能都在完成你的个人任务。与其把队友当成竞争对手，不如时刻保持团队意识，这更加重要。如果团队中有一个人的工作进度落下了，那么这将影响到整个团队，其中也包括地面指挥中心。因此，协作是必要的，你们是一个整体，齐心协力只为一件事：任务的成功。

作为一名航天员，必须为自己的行为和错误负责，这也很重要。庆祝作为一个团队的成功没问题，但你也必须做好准备承认自己的失误。放任一项错误而不报告可能导致安全隐患，至少有可能会导致同样的错误在未来再次发生。在太空中，如果你是最后一个使用某台设备，又是发现这台设备出现故障的人，那你就应该报告。

帮助团队达成目标的优先级，要高于你的个人荣誉和个人职业成就感。好的团队成员之间会对彼此有耐心，相互尊重、相互欣赏。同时，你也应该考虑如何根据团队成员的技能和能力，更为有效地分配和完成工作。记得将团队成员不同的文化背景和个性考虑在内，并理解你自己以及团队中其他成员的强项和弱项。对于这种差异性导致的一些困难，要宽容看待。

下面是一些团队和个人测试项目，通过一系列不同的方法检测你的团队合作技巧。将团队的目标放在自己的个人目标之前，你将离太空更近一步。

测试1：手臂练习

这是一项适合两个人一起玩的游戏。如果你们人数较多，则可以选择分组，然后每组派一名选手与其他组的选手结对开展这项游戏。

两位参与者必须像图上这样把手握在一起，而肘部则必须放在桌面上。

每一轮持续30秒，这里有且仅有两条规则：

● 每次对方的手背碰触桌面，你就得到1分；
● 你的目标是获得尽可能高的分数，而对方的表现与你无关。

多重复几次。如果有超过两人参加这个游戏，那么比较一下所有人的分数，看看谁的分数最高。为什么？请查阅本节后面的答案。

测试 2：我是一名航天员……请让我离开这里！

以下是2009年航天员选拔过程中团体测试项目的一部分。六位候选人一起合作。如果你是他们中的一员，你会怎么做？

想象你是探险队的六位成员之一，现在你们的任务被取消了，你们需要步行返回营地，但你们的通信设备发生了故障。在你们的西边是高山，东边是茂密的雨林，北边是对你们充满敌意的当地土著，而南边则是鳄鱼出没的湖泊。你们没有任何武器，只带了最少量的设备以及只够维持一天的食物和水。你们该如何回到营地？

每位成员只有几分钟的时间快速浏览任务，然后就要立即开始初步构思。随后团队集合进行讨论，设计一个解决方案。半小时后，你们必须推举一位成员做两分钟的报告，汇报你们讨论的结果。你们会如何解决这个问题？

更好的做法是，叫上五位好朋友或者家庭成员组成团队一起玩这个游戏，结束之后，再阅读本节后面的答案。

测试 3：排序练习

航天员会接受一系列的训练，来证明作为团队一员的重要性，以及具有不同观点的人聚在一起是多么有价值。以下这个简单的环节会让你体会这一点。

你们的任务是对十样东西进行排序。最开始，团队成员分别进行排序，成员之间不允许进行任何交流。你有五分钟的时间，每排对一个就能得到1分。

在任务的第二阶段，团队成员们可以相互讨论。十分钟后，团队必须达成最后的共识，得出排序结果。同样地，每排对一个得1分。

随后公布正确的排序结果。看看你个人的排序得分与团队的排序得分哪个更高。你能否通过团队讨论时学到的东西，在后续的游戏中同时提高团队成绩和个人成绩？

第一轮：最常用的英文单词

《牛津英语词典》的编纂者遍查整个英语世界的文本，构建了一份包含21亿个单词的表，并列出了所有这些单词在英语中出现的频率。他们的研究显示，人们使用频率最高的前十位单词分别是：of, be, and, a, that, have, the, to, in 和 I。现在，按照从最常用到最不常用的顺序，将这十个单词从1~10排序。

第二轮：最卖座的电影

如果按全球电影票房计算，以下这几个是电影史上票房最高的电影。你能否将它们按照票房从高到低进行排序？

《复仇者联盟4：终局之战》《阿凡达：水之道》《泰坦尼克号》《侏罗纪公园》《蜘蛛侠：英雄无归》《复仇者联盟3：无限战争》《阿凡达》《狮子王》《头脑特工队2》《星球大战7：原力觉醒》。

第三轮：希望与梦想

在2016年，全英房屋抵押贷款协会调查了英国各地2 000位不同年龄的受访者对于未来的梦想。以下是十个出现频率最高的答案，而你需要做的就是对其进行排序：

拥有一辆心仪的汽车，翻新房子，强健身体，去梦想中的度假地旅行，早点退休，拥有自己的房子，找到心仪的工作，游览"世界七大奇迹"之一，学会一项新技能（如音乐、语言等），环游世界。

测试4：创造性合作

因为国际空间站上的乘员不断变化，你经常需要接手别人留下的工作，所以你需要具备在最短的中断时间里接手他人工作的能力。下面是一项合作绘画练习，试着将你的协作技巧运用到其中。你所需要的只是一支笔、几张纸以及一个计时器而已。

首先，由团队中的一名成员在纸上画出一个轮廓。五秒后这张纸将被传递给下一位成员，他必须接着画一些东西上去，并继续传递给下一位成员，以此类推。不管是游戏开始前还是进行中，整个过程你们都不允许讨论画的是什么。一分钟以后，游戏结束，此时纸上的图像必须是某样可以识别的东西才算成功。

　　游戏结束后，每一位团队成员都必须针对这次游戏做一个复盘。随后查看本节后面的答案，了解更多窍门。

答案

测试1

　　这个游戏是一个很好的例子，反映先人之见可以在多大程度上误导我们，尤其是当我们习惯性地认为竞赛就应该是对抗性的时候。我们是如此熟悉扳手腕，以至于我们习惯性认为这个游戏就是扳手腕，于是你在30秒的时间里可能一直在努力打败你的"对手"。然而，你有没有考虑过如果两人合作会如何？到这里你可能已经意识到了拿到更高得分的诀窍。你们只需相互合作，不断交替触碰桌面就可以。请记住我们的游戏规则，它只是说你必须尽可能得到更高的分数，规则里并没有说你的分数必须要比你的伙伴更高。很多时候，相比竞争，沟通和协作是通向成功更可靠的道路。

测试2

　　这个测试的目的是什么？欧空局航天员，同时也是2008年欧空局航天员选拔过程的负责人格哈德·蒂勒指出："观察不同的小组做出的不同反应是很奇妙的一件事。"他说，"这里的关键不在于这一任务的困难程度，而是观察人们如何反应"。蒂勒自己亲眼见证了100位候选者参与这项测试。其中有些小组光是确定究竟由谁在最后做总结报告就花掉了一半的时间，而原本这些时间应该是用来解决问题的。还有一些人立即尝试扮演领导角色，却忽视其他人的意见，除非那些意见与自己的观点一致。蒂勒表示："很显然，这些肯定不是我们希望在一名航天员的身上看到的品质。"这样的行为立即就会导致他们的申请表上留下一个问号。当然，仅仅凭借这样一个行为是不足以直接把某个人淘汰出局的，但如果在第二项测试中这个人再次表现出同样的行为，那么这位候选人就会被淘汰。一位有竞争力的候选人应该促进组内的平等讨论，并积极征求团队中那些不怎么发声的成员的意见，以确保收集到最多的想法。

这里隐含的一个关键点是：这个问题并没有什么好的答案。探险队陷入那样四面受困的境地，那就是一个不可能完成的任务。因此，这项测试的真正目的，其实是要帮助考官评估候选人在团体环境下的表现，评估他们作为领导者或跟随者的角色技巧。

换句话说，其实这里并不在乎具体是什么问题，而是要观察你面对逆境时会如何反应，以及你会如何与他人协作。在另一个问题中，小组面对的情境是搭乘一艘船进入港口，并将集装箱里的货物卸下来装到卡车上，这些卡车随后会将货物运往火车站。参与者们需要考虑大量的变量：潮水上涨、火车时刻表、卡车的最大装载量等等。在短短30分钟内要想拿出完美解决方案是不现实的。因此，这里考查的其实是每个人作为团体的一员，如何在现实情况下做出最优选择。

测试3

单词排序：the, be, to, of, and, a, in, that, have, I。

电影排序：《阿凡达》《复仇者联盟4：终局之战》《阿凡达：水之道》《泰坦尼克号》《星球大战7：原力觉醒》《复仇者联盟3：无限战争》《蜘蛛侠：英雄无归》《侏罗纪公园》《狮子王》《头脑特工队2》。

梦想排序：环游世界，去梦想中的度假地旅行，拥有自己的房子，强健身体，游览"世界七大奇迹"之一，拥有一辆心仪的汽车，早点退休，学会一项新技能，翻新房子，找到心仪的工作。

这项测试强调的是团队协作带来的好处。作为个体而言，要想在这个测试中给出正确排序是极其困难的，因为这些答案基于群体的共识，它们不太可能完全符合你个人的观点。然而，良好的团队合作、建设性的讨论和观点交流往往会使团体的排序正确率高于个人。

测试4

在你们小组的复盘环节，你们应该讨论这次游戏中有哪些方面做得还不错，有哪些方面则不太尽如人意。比如你们是否在时间限制的压力环境下容易恐慌。比如上一个人是否给出了足够的线索，从而让下一个组员能够继续画下去。在组内进行讨论，看看有没有什么技巧可以改进团队未来的表现（请注意，此时你们仍不允许透露到底要画的东西是什么）。

测试复盘

　　如今，航天员候选人都拥有不同的背景、职业、文化和个人经历。这有助于丰富团队的技能库，并提升整个乘组的潜能，但同时这也对良好的团队合作提出了更高要求。为了拥抱这种多样性并最大化发挥其潜能，航天员经常需要在扮演领导者和被领导者角色之间取得精细平衡。

　　有些时候，你需要显得强势一些以便让你的意见被听到，但又不能表现得过于强势和固执，因为这样会让你很难包容其他成员的意见并评价他们的优点。如果一个团体想要成功，为他人考虑是极为关键的品质。不管他们是在一个洞穴中共同生活数天，还是在太空中共同生活数月，道理都是一样的。当然，正如在任何一个优秀的团队中那样，这其中也一定需要纪律和尊重。

　　在航天员训练过程中，经常会有对于良好团队合作的要求，并且你也会有很多机会去发展这方面的技能。这可能是策划一次太空行走，可能是俄罗斯冬季生存训练，也可能是驾驶一艘联盟号飞船，或者是在国际空间站上处理紧急情况。

航天员必备：团队合作与集体生活

● 当谈论失误时，总是用"我"，而不是"我们"。

● 永远不要犹豫向他人求助，而不是自己去尝试处理，即便这个问题最开始是因为你的失误引起的。

● 避免干涉其他团队成员的职责与任务范围，或者就像坐在后排座位上指挥司机那样，告诉其他人你觉得他们应该如何做好他们的工作。

● 做一件事有很多种不同的方式，而这样的"不同"并不意味着更好或者更坏。尊重并欣赏这样的不同，而不是试着改变它们。

● 永远把团队整体目标放在自己的个人目标之前。

● 邀请同事参与团队活动，尤其是当他们比较害羞而不敢参与时。

● 用你的行动向其他人表明，如果你承诺要做什么事情，那么你一定会以高标准完成它。

● 明白自己的某些生活习惯可能会对其他人产生影响，并随时准备做出相应调整。

环境感知

良好的环境感知在生活的许多方面都是非常重要的。能够感知你的周围环境不仅可以让你和你的同事们更加安全，还可以帮助你更好地做出决策。如此，你才能更加享受当下。

国际空间站上的航天员需要时刻留意他们的周围环境。环境感知意味着调用你的所有知觉，并基于所获得的信息构建起你周遭环境精确的心理模型。有趣的是，尽管你会认为你的眼睛获取的视觉信息在这一心理模型中必定占据着主导地位，但事实上你的其他感觉器官获得的信息也具有同等重要的地位。举例而言，你的大脑处理声音数据的速度要比处理视觉数据快100倍，并且背景噪声经常是某种危险正在发生的重要线索。在空间站上，嗅觉尤其重要。火灾是航天员可能面对的最危险的紧急状况之一。灵敏的嗅觉可以在材料出现升温，尚未出现闷烧和明火之前，就让你察觉危险。

航天员受过专门训练，时刻眼观六路，耳听八方。每当我透过国际空间站穹顶舱（Cupola）观景窗（国际空间站最大的观景窗）欣赏外面的美景时，我总会顺便检查一下联盟号飞船和国际空间站的外观，搜寻由于太空碎片或微陨石撞击造成的损伤。正是在这样的检查中，有一次我发现进步号货运飞船的一个燃料箱存在泄漏。只要在太空中生活足够长的时间，你就会具备非常强的环境感知能力。斯考特·凯利（Scott Kelly）

是一位 NASA 航天员，在国际空间站上生活了一年时间。他已经对自己身体每天的感受高度敏感，甚至可以在查看数据之前就察觉到舱内二氧化碳浓度的变化。

观察敏锐的航天员会时刻留意身边的人、系统以及环境，并时刻对变化保持警觉。这样高度的环境感知能力，是你能够安全操作并确保任务成功的关键之一。

测试1：少了什么？

以下这项测试旨在提升你的环境感知能力。你需要一块手表或者计时器，并设定十秒钟。

1. 在你查看后面的内容之前，请知晓，你即将看到一个托盘，里面随机摆放着15件大小、形状和花纹各异的日常家居用品。当你准备好了，请开始十秒钟计时。你的任务是只观察这个插图十秒钟时间，然后试着记住尽可能多的物品，包括它们的位置和花纹。随后尽你所能将你所记住的，按照正确的花纹和位置关系，在本书第149页上的空托盘中画出来或者写下来。

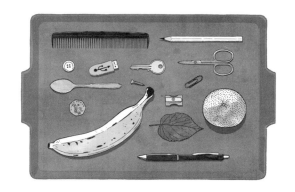

　　请注意：你可以在家里自己玩类似的游戏。你所需要用到的仅仅是15件随机的小物件、一个托盘，以及一块用来盖住盘子的布。一位参与者（或者一个小组）将15件物品以随机形式放进托盘，向对手展示十秒钟时间，然后立即用布盖住，看看对方可以记住多少。

2. 在你查看后面的内容之前，请知晓，你即将看到一个托盘，里面摆放着13件随机放置的物品。当你准备好了，请开始十秒钟计时。你仍然只有十秒钟时间去记住托盘里的所有物品，但这一次，在本书第149页上的托盘中，会有一件物品缺失。你的任务就是说出少了哪一件物品。为了增加难度，在第二幅插图中，物品摆放的位置也发生了改变。

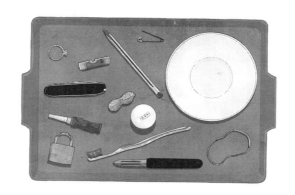

3. 和前面两次测试一样，在你查看后面的内容之前，请知
   晓，你即将看到一个托盘，里面摆放着10件随机放置的
   物品。同样地，当你准备好了，请开始十秒钟计时。
   你仍然有十秒钟时间去记住托盘里的全部物品，但这
   一次，在第150页的托盘中，有部分物件的花纹发生了
   改变，同时它们在托盘中摆放的位置也有所不同。你
   的任务就是指出哪一个/几个物品的花纹发生了改变。

测试2：发生了什么？

请停下来！在你继续阅读之前，请仔细观察上面的画面，你有60秒时间。然后，请用手盖住这幅画面，看看你能否回答下面这些问题：

1.有多少骑车的人？

2.图中有多少人？

3.有多少辆车在这次事故中受损？

4.地面上散落着什么物件？

5.躺在地上的男人最有可能是何处受伤了？

6.公交车号是多少？

　　　　　　　　　　　　　　　　　　星际求职指南

测试3：吸管和牙签

目视前方

周边视觉

　　具有良好环境感知能力的人可以知道他们并未直接注视的事物动态。这种周边视觉是人体在高过载环境下（比如在离心机或者火箭上）首先丧失的能力之一。其本质就是你对周围的环境感知是否处于最佳状态——如果你的周边视觉开始减弱，这就是一个信号，你可能遇到麻烦了。在星城训练期间，航天员会在离心机上承受8 g的重力加速度（相当于自身体重八倍的重量），持续30秒。在此期间，他们还必须同时完成很多测试项目，其中一项会要求航天员目视前方并读出显示屏上的数字，同时，在每次察觉到周边视觉中出现微弱闪光时，按下按钮。

　　你或许无法使用离心机，但你仍然可以测试你的周边视觉，所需要的仅仅是一根吸管、一个杯子以及一根牙签。

　　将吸管放进杯子，此时你的眼睛直视前方的某个物体，把杯子向左或者向右挪，一直到你周边视觉的最边缘位置。现在，继续直视前方，你能否把牙签插进吸管？如果你发现自己做不到，那就把杯子向视野中心稍微挪动一些，直到你能够做到为止。然后再次尝试把杯子挪远，重复这样的训练。

测试 4：作为团队一员,在时间压力下完成拼图任务

航天员有时需要在太空中维修大型物件，比如卫星和太阳翼。这类工作有时是在太空行走期间进行的。还有些时候，你必须能够在短时间内准确地组装一件设备，比如在阿波罗 13 号任务期间，航天员乘组必须在最短时间内利用手边的物品临时组装一套过滤装置，用于降低飞船内已达到危险程度的二氧化碳水平。

为了组装和维护设备，航天员必须心灵手巧，手眼协调，并具备良好的团队合作能力。他们还必须在穿着加压航天服，戴着厚重手套的情况下，操作工具和其他物件，而这正是我们中性浮力训练的内容。这项训练在游泳池中开展，目的就是模拟太空行走的失重环境，因为水的中性浮力可以创造类似的环境。

航天员戴的手套可以在太空环境中为航天员提供保护，尽管它显得有些笨重，但它经过特殊设计，在太空行走期间，它对航天员手指活动的限制是最小的。在航天服手套和袖管的连接处采用了轴承，让手腕可以转动。航天员必须学会戴着手套工作，处理各种大小的物件。

下面的任务会重现这样的挑战，为此你需要：
- 一套块数较少的拼图(25块比较理想)。
- 每人配备两副手套——一副是普通的羊毛手套，另一副是厚重的园艺手套。
- 一块计时秒表。

队员戴上两副手套——先把羊毛手套戴上，然后再在外面戴上园艺手套。开始计时，看看作为一个团队，你们能在多少时间内完成拼图任务。在首次尝试结束后，团队进行讨论，看看哪些地方做得好，哪些地方还有改进空间。想一个新办法，随后再次尝试。情况如何？你们有比第一次尝试时成绩更好吗？每次尝试后都要和队友进行复盘，看看通过有效沟通和解决问题的技巧，你们可以在多大程度上压缩完成任务的时间。

换一换！这个任务，以及本书中涉及的其他团队任务，都可以用小组竞赛的方式开展。你们团队能否取得足够大的进步以击败你们的竞争对手？在中途更换队伍是一种很好的测试你能力的方式，你能否适应和刚刚还是对手的人一起工作？你能否快速地向你的新队友传达你在原先队伍中学到的技巧？这种情形与2009年入选的六位欧空局航天员在HBP训练期间所遇到的情形很相似。当时我们分成两个三人小组进行一项与火星探索有关的挑战竞赛，然而教练在比赛中途把两支队伍进行了重新组合，而我们必须学会适应。

答案

测试1

请注意: 如果你是在家里用一个真实的托盘和家人朋友一起组队玩这个游戏,你们可以重复玩许多次。如果托盘中的物件变得太过熟悉,只需要换上一些新的物件即可。而如果你发现15个物件对你来说已经太过简单,你可以尝试将数量增加到20~25个。一如既往的,关键是在每一轮结束后都与队友复盘讨论,看看哪些地方还可以改进,从而可以让大家更高效地达成目标。你们可否持续提高自己的表现?

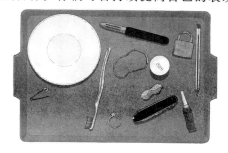

测试2

1. 两人。

2. 八人。

3. 两辆。

4. 一个车轮胎。

5. 最有可能是腿部受伤。

6. 249。

航天员必备：环境感知

● 发现问题应该尽早提出，这样可以让你在事情变得更糟糕之前，有更多时间去处理。

● 观察自己和他人是否表现出压力、疲劳、自满和任务饱和的迹象。

● 当他人正专注于重要的工作时，不打扰就是帮助。

● 对那些可能影响安全或其他关键任务的信息给予特别关注。

- 相信自己的直觉,并时刻准备说出来。
- 如果其他人提出某种关切,听进去并予以考虑非常重要,不要因为你自己不同意就置之不理。
- 永远保持警醒,即便是在放松状态下。你必须时刻留意你的周围,警惕任何异常的噪声或其他潜在问题的细微迹象。
- 当针对同一个问题出现了相互冲突的两种信息时,你应该对每个信息源都进行核实。

HBP 训练：第二部分

逻辑与推理

　　航天员经常会面对存在多种变量的环境，且每种变量都有多种可能性，要想在这种情况下找出正确答案似乎是一个不可能的任务。比如规划一次太空行走。想象一下，在太空行走期间需要开展哪些工作任务，以什么样的顺序开展，以及由哪名航天员来开展。你需要考虑的问题包括：

1.选择哪条路线？（因为你必须尽量避免与其他航天员的行进路线交叉,否则你们的系带可能会出现缠绕风险。）

2.需要带上哪些工具,它们是否都能装进工具包里？

3.哪些设备可以和两名航天员一同出现在气闸舱里？

4.两名航天员是一同工作,还是各自负责各自的任务？

5.在白天或者夜间开展某些任务是否有特殊限制？（在国际空间站上,大约每隔45分钟就会有一次日出或者日落。）

6.是否有哪些区域是危险的，或者不得进入的？

7.有哪些任务是需要用到机械臂和脚限位器协助进行的？

8.任务期间是否可能出现与地面指挥中心通信中断，从而影响任务进行的问题？

9.一旦出现紧急情况，你是否可以确保你自己以及你的搭档能够在30分钟内返回气闸舱？

　　尽管乍一听上去非常复杂，但事实上，只需要运用逻辑和推理，你总可以找到解决方案。正如我们将在下一节中看到的那样，良好的逻辑与推理是决策过程中的关键一环。但在我们进入这一环节之前，让我们先通过一系列有趣的小测试来检验一下你的推理能力。良好的逻辑与推理是在这儿取得成功的全部要求。（或许还需要配上一些耐心和一杯茶！）

　　在每一个游戏开始之前，你会了解这个游戏的一些说明和要求。系统阅读所有线索，在表格中（表格见小册子），将你认为正确的事实打钩，将你认为错误的信息打叉，并在游戏进行过程中运用你的逻辑推理能力。举例来说，如果你得到的情境是关于有颜色的形状和它们之间的相对大小的，然后你获得的信息是"所有三角形都是蓝色的，但它们不是最大的图形"，此时你就应该在"三角形/蓝色"一栏打钩，而在"三角形/最大的"以及"蓝色/最大的"栏里打叉。按照这样的方式去推进，你可以交叉验证，尽你所能做出推理。每一个游戏都配有表格，需要你填写你认为正确的事实。所有谜底都可以通过交叉验证、逻辑推理和排除法最终得到。祝你好运！

	生物老师	住院医生	科学家	软件工程师	结构工程师	天文学	滑翔伞	攀岩	帆船	网球	28	30	32	34	36
埃维															
格里塔															
希玛特															
卢卡斯															
托比亚斯															
28															
30															
32															
34															
36															
天文学															
滑翔伞															
攀岩															
帆船															
网球															

申请人	职业	兴趣	年龄
埃维			
格里塔			
希玛特			
卢卡斯			
托比亚斯			

	周一	周二	周三	周四	周五	失压	火灾	设备故障	医学紧急情况	毒气泄漏	本尼托和索尔	法拉德和阿曼达	杰伊和沃尔特	萨曼莎和布鲁斯	汤姆和雅各布
气闸舱															
哥伦布舱															
后勤舱															
多功能舱															
服务舱															
本尼托和索尔															
法拉德和阿曼达															
杰伊和沃尔特															
萨曼莎和布鲁斯															
汤姆和雅各布															
失压															
火灾															
设备故障															
医学紧急情况															
毒气泄漏															

舱段	星期几	紧急情况	乘员
气闸舱			
哥伦布舱			
后勤舱			
多功能舱			
服务舱			

	比利时	加拿大	日本	英国	美国	5小时15分钟	5小时20分钟	6小时10分钟	6小时20分钟	7小时30分钟	实验	准备工作	安装设备	维护工作	维修工作
安德斯															
芭芭拉															
本															
卡拉															
威尔															
实验															
准备工作															
安装设备															
维护工作															
维修工作															
5小时15分钟															
5小时20分钟															
6小时10分钟															
6小时20分钟															
7小时30分钟															

乘员	国籍	太空行走时长	任务类型
安德斯			
芭芭拉			
本			
卡拉			
威尔			

	杰米	延斯	约翰	乔西	朱迪	12小时	15小时	21小时	24小时	30小时	计划维修	当垃圾处理	没有用上	转运走	很快用完
食物箱															
备用微型相机															
备用氧气罐															
系绳															
工具															
计划维修															
当垃圾处理															
没有用上															
转运走															
很快用完															
12 小时															
15 小时															
21 小时															
24 小时															
30 小时															

物品	乘员	所花时间	后续结果
食物箱			
备用微型相机			
备用氧气罐			
系绳			
工具			

	采集数据	采集样本	安装设备	布设太阳能帆板	维修设备	8.4千米/时	8.7千米/时	8.9千米/时	9.0千米/时	9.2千米/时	3小时	3小时15分钟	3小时20分钟	3小时40分钟	3小时50分钟
行程一															
行程二															
行程三															
行程四															
行程五															
3小时															
3小时15分钟															
3小时20分钟															
3小时40分钟															
3小时50分钟															
8.4千米/时															
8.7千米/时															
8.9千米/时															
9.0千米/时															
9.2千米/时															

行程	工作内容	平均速度	持续时间
行程一			
行程二			
行程三			
行程四			
行程五			

	天鹅座飞船	龙飞船	HTV飞船	进步号飞船	联盟号飞船	7月7日	7月10日	7月15日	7月18日	7月26日	节点舱一	节点舱二（底部接口）	节点舱二（顶部接口）	码头号对接舱	服务舱	外部储备平台	功能货舱	日本后勤舱	多功能舱	美国实验室
通信设备																				
地球观测设备																				
食物																				
质谱仪																				
泵机组																				
外部储备平台																				
功能货舱																				
日本后勤舱																				
多功能舱																				
美国实验室																				
节点舱一																				
节点舱二（底部接口）																				
节点舱二（顶部接口）																				
码头号对接舱																				
服务舱																				
7月7日																				
7月10日																				
7月15日																				
7月18日																				
7月26日																				

货物名称	飞船	抵达日期	对接口	存放地点
通信设备				
地球观测设备				
食物				
质谱仪				
泵机组				

	听音乐	玩电脑象棋	阅读	看电影	弹吉他	一张照片	二张照片	三张照片	四张照片	五张照片	孩子	朋友	父母	妹妹	电视摄制组	T2跑步机	脚踏式测力机	阻力运动装置	俄国跑步机	VELO测力自行车
费伊																				
菲利佩																				
芬格尔																				
菲奥娜																				
弗兰克																				
T2跑步机																				
脚踏式测力机																				
阻力运动装置																				
俄国跑步机																				
VELO测力自行车																				
孩子																				
朋友																				
父母																				
妹妹																				
电视摄制组																				
一张照片																				
两张照片																				
三张照片																				
四张照片																				
五张照片																				

乘员	活动类型	照片数量	通话对象	锻炼器材
费伊				
菲利佩				
芬格尔				
菲奥娜				
弗兰克				

	土卫十五	木卫二	火卫一	海卫八	金星	2年20天	3年42天	4年200天	7年3天	14年212天	存在海洋的证据	金属和矿物样本	有机化合物	太阳风数据	地表图像	意大利	荷兰	挪威	俄罗斯	西班牙
卡利努斯 4 号																				
戴留斯 2 号																				
杰塔 5 号																				
马其顿 11 号																				
俄瑞斯忒斯 3 号																				
意大利																				
荷兰																				
挪威																				
俄罗斯																				
西班牙																				
存在海洋的证据																				
金属和矿物样本																				
有机化合物																				
太阳风数据																				
地表图像																				
2 年 20 天																				
3 年 42 天																				
4 年 200 天																				
7 年 3 天																				
14 年 212 天																				

探测器	目的地	任务持续时间	样本 / 数据	国家
卡利努斯 4 号				
戴留斯 2 号				
杰塔 5 号				
马其顿 11 号				
俄瑞斯忒斯 3 号				

	采集实验数据	采集岩石样本	搜寻生命的痕迹	搜寻水的证据	记录图像	1千米	2千米	3千米	4千米	5千米	2小时15分钟	2小时40分钟	3小时12分钟	3小时22分钟	4小时35分钟	阿蒙蒂斯地区	科普莱特斯地区	艾利达尼亚地区	水手号峡谷地区	陶玛西亚地区
布雷特和克里斯托弗																				
克劳斯和凯文																					
迈克和佩塔																					
妮可和纳蒂亚[1]																					
文尼和胡安妮塔																					
阿蒙蒂斯地区																
科普莱特斯地区															
艾利达尼亚地区															
水手号峡谷地区															
陶玛西亚地区															
2小时15分钟											
2小时40分钟											
3小时12分钟											
3小时22分钟											
4小时35分钟											
1千米					
2千米					
3千米					
4千米					
5千米					

乘组	任务	距离	持续时间	任务地点
布雷特和克里斯托弗				
克劳斯和凯文				
迈克和佩塔				
妮可和纳蒂亚				
文尼和胡安妮塔				

1　妮可（Nic）和纳蒂亚（Nadiya）。

	气闸舱	对接端口	环境控制	生命保障系统	电力系统	11次任务	15次任务	17次任务	19次任务	21次任务	能源设备安装	农业	制氧	车辆维修	水回收	健身设备	药物	科学设备	土壤采集材料	水提取材料
克劳德特																				
吉姆																				
莱昂内尔																				
诺亚																				
塞丽娜																				
健身设备																				
药物																				
科学设备																				
土壤采集材料																				
水提取材料																				
能源设备安装																				
农业																				
制氧																				
车辆维修																				
水回收																				
11次任务																				
15次任务																				
17次任务																				
19次任务																				
21次任务																				

航天员	专业领域	执行任务次数	任务内容	卸载的设备／材料
克劳德特				
吉姆				
莱昂内尔				
诺亚				
塞丽娜				

1.背景信息

五位拥有不同背景的申请人向欧洲空间局航天员选拔测试部门递交了申请。通过以下给出的几条线索，你能否推理出每位申请人先前的职业，他们各自的兴趣爱好以及年龄？

线索

1.希玛特比软件工程师年长两岁，工程师之前在一家制药公司写代码。

2.托比亚斯比生物老师年轻两岁。

3.卢卡斯的兴趣是驾驶激光级帆船，他比结构工程师年轻。

4.那位兴趣是攀岩的人是五位申请人中最年轻的。

5.那位热衷网球的申请人不是32岁。

6.在过去五年中担任科学家职位的那位申请人比埃维年长。

7.托比亚斯此前是瑞典南部一家大型医院的住院医生，比那位喜欢滑翔伞的申请人年长两岁。

8.那位34岁的申请人此前是生物老师。

2.空间站上的紧急情况演练

在国际空间站，会定期开展紧急情况处理程序测试。根据以下给出的线索，你能否找出每一个舱段是在哪一天进行测试的，应对的是哪类紧急情况，以及扮演主要角色的人是谁？

线索

1.当发生紧急情况时，汤姆和雅各布正在哥伦布舱工作。这一天既不是周五，也不是周三。在后勤舱工作的乘员必须立即采取措施来应对一场医学紧急情况的日子不是周五。

2.在周二这天，模拟的紧急情况是电气火灾，但本尼托和索尔不必参加。

3.杰伊和沃尔特，以及本尼托和索尔不必参加模拟毒气泄漏的紧急情况。

4.在面对多功能舱或后勤舱的模拟失压时，法拉德和阿曼达立即采取了行动。

5.萨曼莎和布鲁斯的紧急情况测试安排在周一。

6.杰伊和沃尔特，以及本尼托和索尔都不必参加在服务舱进行的模拟紧急情况测试，并且这个舱段也不是周四进行的毒气泄漏模拟测试的地点。

3.太空探险

在太空行走期间，航天员会被要求完成一系列任务。下面的内容描述了航天员在不同时间进行的太空行走期间所完成的部分工作。这些航天员来自参与国际空间站项目的不同国家。基于这些线索，你能否推断出这些乘员的国籍，太空行走的持续时间，以及在太空行走期间完成的任务？

线索

1. 芭芭拉的太空行走持续了 6 小时 20 分钟。

2. 五次太空行走中持续时间最长的那次不是由威尔执行的，而他的国籍不是美国就是英国。

3. 安装脚限位器是一次持续 6 小时 10 分钟的太空行走期间的任务之一，而执行这次太空行走的航天员不是来自美国。

4. 小型机械臂在未来的实验中将发挥关键性作用，而作为太空行走期间的任务之一，来自日本的航天员对它进行了检查。

5. 卡拉的太空行走时间比另一位开展设备维护工作，为机械臂的末端锁定装置（LEE）添加润滑油的航天员所开展的太空行走时间短了 2 小时 15 分钟。卡拉是一位加拿大航天员。

6. 本进行了维修工作，他在太空行走期间修复了一个损坏的冷却回路。

7. 那次持续 5 小时 20 分钟的太空行走，执行人不是安德斯，而是一位来自比利时的航天员。

4.月面回收作业

你们在抵达月球时发生了硬着陆。飞船上装载的部分货物坠落并散落到月面上一片广阔区域内。现在，已经派出五位乘员前去回收尽可能多的物资。运用以下线索，你能否推断出来，这五件珍贵的物品是哪名航天员找到的，找到这件东西花了多少时间，以及后来发生了什么？

线索

1. 延斯最终找到了那个物品，花费时间最长。

2. 经过24小时的艰苦搜寻找到的那个物品，最终被转运到了服务舱。

3. 约翰最终找到了备用微型相机，而且所花的时间比找脱水食物所花的时间少了一半。那些脱水食物包装仍然完好，在几天内就吃完了。

4. 备用短系绳不是由朱迪或者杰米带回的，带回的时间比手枪把握式工具更早，后者没有被闲置。

5. 朱迪发现的物品落在一块形状奇特的岩石后面，找到这件物品所花的时间超过了那件并不是由乔西发现，已经严重损坏，只能丢进垃圾箱的物品；但没有找备用氧气罐所花的时间长。

5.月面漫游

在一次登月期间，安排了五次使用月球漫游车的行程。漫游车可以搭乘两位乘员，主要用于运送设备和采集的样品。利用下面的线索，你能否推断出这几次行程期间开展的工作内容，每次漫游车行驶的平均速度，以及每次任务持续的时间长短？

线索

1.行程三的主要目的不包括采集地质学数据。乘员在3小时内顺利完成任务并返回飞船。此次行程期间漫游车的平均速度不是9.0千米/时，这是那次旨在维修太阳风设备的行程的速度，那次行程的持续时间不是3小时15分钟。

2.行程二的主要目的是布设太阳能帆板，用于未来开展实验，平均速度不是8.4千米/时。

3.那次去指定地点安装科学探测设备的行程的平均速度不是8.7千米/时。

4.平均速度达到8.9千米/时的那次行程，一共持续了3小时20分钟。

5.持续了3小时50分钟的那次行程内容是采集岩石样本，但这不是行程四，行程四的平均速度是8.4千米/时。

6.行程五的内容不包括维修设备。

7.行程一的平均速度不是8.9千米/时。

6.供应危机

国际空间站上的物流混乱导致了一次意料之外的货物分选延迟。现在有来自五艘飞船的货物需要分选。利用以下线索，你能否推断出每一样货物是搭乘哪一艘飞船来空间站的，对接口是哪一个，抵达空间站的时间，以及它最终将要被存放的地点？

线索

1.通信设备包抵达国际空间站的时间要比在节点舱二（Node 2，底部接口）对接的货物来得晚，但要比联盟号飞船的抵达日期更早。通信设备包既不是由进步号货运飞船运送的，也不是由日本HTV货运飞船运送的，它最终被安置在了外部储备平台上。

2.运送质谱仪的飞船在码头号对接舱（Pirs）对接。这一天不是7月26日。

3.一直翘首以盼的地球观测设备最终由一艘联盟号飞船运抵国际空间站。

4.龙飞船运来的物资最终被存放到日本后勤舱。

5.HTV货运飞船在节点舱一（Node 1）对接，抵达时间比那艘装载着泵机组的飞船更晚，但要比运送那些最终会被存放进功能货舱的货物的飞船更早。

6.运送那些最终会被存放到多功能舱的货物的飞船，抵达时间是7月15日，而天鹅座飞船的抵达时间不是7月18日。

7.美国实验室里的乘员把那艘在服务舱对接的货运飞船内的货物搬去他们那里了。

7.太空中的闲暇时光

尽管国际空间站上的航天员每天至少要花费两个小时锻炼，以保护肌肉和骨骼功能，但他们仍然有机会放松休闲，尤其是在周末。利用下面提供的线索，推断出五名航天员分别是如何安排他们一天中闲暇时光的第一个小时的？ 他们各自朝着舷窗外拍摄了几张照片？ 他们联络了地面上的谁？他们各自最喜欢的锻炼器材是什么？

线索

1. 一个电视摄制组计划录制一段芬格尔的采访， 因为这天是他的生日。 他最喜欢的锻炼器材不是俄国跑步机。

2. 菲利佩最喜欢的器材是阻力运动装置。 他不是那个一天拍摄了三张照片的人。

3. 弗兰克在第一个小时里拍摄了两次舷窗外的壮丽景色，并对自己说"今天就到这里吧"。 他不是那个弹吉他的人。

4. 菲奥娜只有兄弟， 没有姐妹。

5. 那位后来与自己地面上的妹妹通话的航天员， 这天闲暇时间做的第一件事是阅读。 她不是那位喜欢VELO测力自行车的航天员， 后者在闲暇时间做的第一件事是聆听贝多芬奏鸣曲， 并且那天没有和她的朋友们联系。

6. 费伊拍的照片比菲奥娜多。 如果被问起， 她会提名T2跑步机作为她的最爱。

7. 那位闲暇时间第一件事是在电脑上下象棋的航天员拍的照片比费伊多， 但比那位后来与他的父母通话的航天员少。

8.探测进展

　　五台由不同国家发射的探测器升空，飞向不同的目的地。一位初级研究员正准备编译一个关于这些探测任务的成果以及其他细节的数据库。利用下面的线索，你能否帮助他弄清每个探测器的目的地，任务持续时间，探测器采集的样本/数据类型，以及每个探测器所属的国家？

线索

　　1.那个持续了7年3天的任务是由荷兰的探测器执行的。

　　2.俄瑞斯忒斯3号（Orestes 3）探测器飞向木星的卫星之一——木卫二。

　　3.马其顿11号（Macedon XI）不是荷兰发射的探测器，也不是俄罗斯的探测器，它没有传回存在海洋的证据。

　　4.杰塔5号（Jetta 5）是一台意大利探测器，它没有飞向海王星的卫星之一——海卫八。

　　5.杰塔5号任务的持续时间不是14年212天，但戴留斯2号（Delius 2）任务的确持续了4年200天。

　　6.挪威的探测器采集到了不同寻常的有机化合物，但这不是那个飞向土星的卫星之一——土卫十五，并且任务持续了3年42天的探测器；同时杰塔5号和俄瑞斯忒斯3号的目的地也不是土卫十五。

　　7.那颗飞向火卫一的探测器在环绕火星的轨道上传回了壮观的火星地表图像。

8.西班牙的探测器飞向金星。它不会采集金属和矿物的样本。

9.卡利努斯4号(Callinus 4)采集到了极为有用的太阳风数据。

9.火星任务

在可预见的将来，航天员可能搭乘漫游车在火星表面五个不同地区执行任务。使用下面的线索，你能否分析出每一个两人乘组所执行的任务内容，他们行进到了多远的地方，每次任务持续的时间长短，以及他们大致的位置？

线索

1.迈克(Mike)和佩塔(Peta)需要行驶1千米才能抵达他们的任务地点，那里不是火星表面的艾利达尼亚（Eridania）地区；后者同样也不是布雷特（Brett）和克里斯托弗（Christoffer）执行任务的地点。

2.其中一次任务中，乘组将行驶4千米的距离去采集岩石样本，整个任务持续时间是2小时15分钟。

3.位于火星表面陶玛西亚（Thaumasia）地区的那次任务持续时间是4小时35分钟，乘组将在这里搜寻生命存在的证据。

4.名字首字母相同的两个人组成的乘组之一，其主要任务是采集实验数据，任务持续时间是3小时12分钟。

5.文尼（Vinny）和胡安妮塔（Juanita）将记录前往阿蒙蒂斯（Amenthes）地区途中的图像，任务持续时间不是2小时40分钟。

6.克劳斯（Klaus）和凯文（Kevin）行驶的距离比那个负责读

取实验环境设备数据的乘组远1千米，但要比那个前往科普莱特斯(Coprates)地区执行任务的乘组近1千米。

7.名字首字母相同的两个人组成的乘组之一的任务地点是水手号峡谷(Mariner Valley)，任务是搜寻那里曾经存在水的证据。

10.火星上的生活

在遥远的将来，有五名航天员将留在火星上继续开展建设长期居住地的任务。作为经验丰富的太空旅行者，他们各有各的专长，但他们要承担的任务却是繁重且多样的。运用以下线索，你能否推断出每名航天员的专业领域，他们每人执行过的任务次数，那天他们要执行的任务，以及他们帮助卸载的设备/材料是什么？

线索

1.那个负责安装太阳能装置的航天员此前已经执行过19次任务。

2.负责卸载和存放备用测力自行车的航天员，其任务职责是检查用来做沙拉的蔬菜的生长情况。

3.克劳德特在其长期的工作中已经成长为一名电力系统方面的专家。当一批药物卸货时，她不在现场。她是所有人中执行任务次数最多的航天员。

4.莱昂内尔负责的是土壤采集材料的运送和存放，就这件事而言，他在飞船对接端口方面的专业知识派不上什么用场；他执行过的任务次数比吉姆少。

5.诺亚没有参与任何药物的卸载工作，他过往执行的任务次数比那位负责卸载科学设备的航天员少4次，但比那位在当天负责维持生命所必需的制氧的航天员要多。

6.塞丽娜的专业领域不是环境控制，她在复杂的水回收方面做出了很好的贡献。

7.那位对气闸舱设计极为感兴趣的航天员，当天主要承担的任务是拆卸漫游车后轮的一个螺母并进行维修。

答案

1. 背景信息

答案

埃维	软件工程师	攀岩	28
格里塔	结构工程师	网球	36
希玛特	科学家	滑翔伞	30
卢卡斯	生物老师	帆船	34
托比亚斯	住院医生	天文学	32

解析

那位28岁，并且兴趣爱好是攀岩的申请人（线索4）不可能是结构工程师（线索3）或科学家（线索6），或者住院医生，也即是托比亚斯（线索7）。因为生物老师是34岁（线索8），那么28岁的攀岩者就必然是那位软件工程师，这也就意味着希玛特是30岁（线索1），而卢卡斯（线索3）至少32岁，于是那位结构工程师的年龄就一定是36岁［因为那位生物老师是34岁（线索8），而希玛特是科学家］。于是，埃维必定是那位软件工程师，而托比亚斯必定是32岁。这就意味着滑翔伞是希玛特的兴趣爱好（线索7）。

因为卢卡斯不是结构工程师（线索3），那它就必定是格里塔的职业，于是格里塔的年龄就是36岁，这也就意味着卢卡斯必定是那位喜欢帆船的生物老师。托比亚斯的兴趣爱好不是网球(线索5),那么他的爱好必定是天文学,于是剩下的格里塔就一定喜欢网球了。

2.空间站上的紧急情况演练

答案

气闸舱	周二	火灾	杰伊和沃尔特
哥伦布舱	周四	毒气泄漏	汤姆和雅各布
后勤舱	周三	医学紧急情况	本尼托和索尔
多功能舱	周五	失压	法拉德和阿曼达
服务舱	周一	设备故障	萨曼莎和布鲁斯

解析

汤姆和雅各布是对哥伦布舱内紧急情况做出反应的乘员(线索1)。法拉德和阿曼达面对的要么是多功能舱内,要么是后勤舱内的紧急情况(线索4);而杰伊和沃尔特,以及本尼托和索尔,这两组乘员所面对的都不是发生在服务舱内的紧急情况(线索6),于是处理服务舱紧急情况的就必定是萨曼莎和布鲁斯,而时间必定是在周一(线索5)。

因此,萨曼莎和布鲁斯就不可能出现在医学紧急情况演习的现场,因为这一事件是在后勤舱(线索1);也不可能是火灾演习的参与者,因为火灾演习的时间是在周二(线索2);也不可能是失压演习,因为处理这一事件的乘员是法拉德和阿曼达（线索4）；也不可能是毒气泄漏，因为这发生在周四（线索6）。这就意味着他们处理的紧急情况一定是设备故障。

参与处理毒气泄漏的乘员不是杰伊和沃尔特，也不是本尼托和索尔（线索3），而法拉德和阿曼达参与处理的是失压（线索4），那么毒气泄漏必定是由汤姆和雅各布来处理的，地点是在哥伦布舱（线索1），时间则是周四（线索6）。

医学紧急情况演习的发生地是后勤舱（线索1），这就意味着法拉德和阿曼达处置的模拟失压情况是在多功能舱（线索4）。

本尼托和索尔没有参与火灾演习（线索2），这就意味着他们参与处置的必定是医学紧急情况，地点是在后勤舱（线索1），于是现在剩下的杰伊和沃尔特面对的必然是发生在气闸舱的模拟火灾，并且时间是在周二。因为医学紧急情况不是发生在周五(线索1)，那么必定是周三，于是周五就是模拟失压的日子。

3. 太空探险

答案

安德斯	美国	7 小时 30 分钟	维护工作
芭芭拉	日本	6 小时 20 分钟	实验
本	比利时	5 小时 20 分钟	维修工作
卡拉	加拿大	5 小时 15 分钟	准备工作
威尔	英国	6 小时 10 分钟	安装设备

解析

维护不是卡拉（线索5）或者本（线索6）的任务，而由于这项任务的持续时间是7小时30分钟（线索5），也不会是威尔（线索2）或者芭芭拉（线索1）的任务，于是剩下的安德斯就必然是承担维护工作的那个人了。

那么，安德斯的任务持续时间就是7小时30分钟（线索5），芭芭拉的任务持续时间是6小时20分钟（线索1），卡拉的任务持续时间是5小时15分钟（线索5），而由于持续时长为5小时20分钟的任务是由一位比利时航天员完成的（线索7），这个人不可能是威尔（线索2），于是这项持续5小时20分钟的任务一定是由本完成的，那么威尔的任务时长就一定是6小时10分钟。

于是可以知道，威尔所执行的任务是安装设备（线索3），而由于这项任务的执行人不是来自美国（线索3），而威尔不是来自美国就是来自英国（线索2），因此可以判定威尔一定是英国人。卡拉来自加拿大（线索5），那么执行5小时20分钟任务的本就一定是比利时人了。

由于安德斯的任务是维护，本的工作是维修，而威尔的工作是安装设备，那么剩下的实验工作就落到了卡拉和芭芭拉两人中的某一人身上。这项任务是由一位来自日本的航天员执行的（线索4），那么就一定是芭芭拉了，于是卡拉的任务就只剩下准备工作了。最后，通过排除法，可以得出安德斯是一位美国航天员。

4.月面回收作业

答案

食物箱	延斯	30 小时	很快用完
备用微型相机	约翰	15 小时	当垃圾处理
备用氧气罐	杰米	24 小时	转运走
系绳	乔西	12 小时	没有用上
工具	朱迪	21 小时	计划维修

解析

备用微型相机是约翰找到的，所花费的时间比找食物所花的时间少了一半（线索3）。这就意味着找食物所花的时间必定是30小时或者24小时。由于我们知道食物很快就被消耗完了（线索3），而花费24小时找到的那件物品则是被转运到了服务舱（线索2），那么找食物所花的时间就一定是30小时了，这也就意味着约翰找微型相机花费了15小时，而发现食物的人应该是延斯（线索1）。

由于找到系绳的人不是朱迪或杰米（线索4），那么这个人就应该是乔西。朱迪不是那个找到备用氧气罐的人（线索5），那么她发现的一定是工具，于是发现氧气罐的人就只能是杰米了。

氧气罐（线索5）和工具（线索4）都不是在最短的时间内被找到的物品，因此乔西找到系绳所花费的时间就是12小时。这也就意味着找氧气罐所花的时间必定是24小时，并且氧气罐被转运到了服务舱（线索5和线索2），而朱迪发现工具则应该花费了21小时。

工具没有被丢进垃圾桶（线索5），也没有被闲置（线索4），那必定是计划维修。乔西找到的系绳没有被当作垃圾丢弃（线索5），那么它一定是没有用上，这也就意味着备用微型相机是那个被丢弃的物件。

5.月面漫游

答案

行程一	维修设备	9.0 千米 / 时	3 小时 40 分钟
行程二	布设太阳能帆板	8.9 千米 / 时	3 小时 20 分钟
行程三	安装设备	9.2 千米 / 时	3 小时
行程四	采集数据	8.4 千米 / 时	3 小时 15 分钟
行程五	采集样本	8.7 千米 / 时	3 小时 50 分钟

解析

平均速度为8.9千米/时的那次行程持续时间为3小时20分钟（线索4），而采集岩石样本的那次行程持续时间是3小时50

分钟（线索5），所以那次维修设备，即平均速度9.0千米/时的行程，持续时间既不是3小时，也不是3小时15分钟（线索1），其持续时间必定是3小时40分钟。

行程二的任务是布设太阳能帆板（线索2），而行程四的平均速度是8.4千米/时（线索5），那么维修设备的那次行程，既然不是行程三（线索1），也不是行程五（线索6），就一定是行程一了。

行程三持续了3个小时（线索1），那平均速度为8.4千米/时，且持续时间不是3小时50分钟（线索5）的行程四，其持续时间必定是3小时15分钟。

通过排除法，行程二的持续时间就一定是3小时20分钟，任务是布设太阳能帆板，平均速度是8.9千米/时；这也就意味着行程五持续的时间是3小时50分钟，任务是采集岩石样本。

行程三的任务不是采集数据（线索1），那么它的任务就一定是安装科学探测设备，所以采集数据就一定是行程四的任务，持续时间应该是3小时15分钟。

8.7千米/时不是安装科学设备的那次行程的平均速度（线索3），因此行程三的平均速度一定是9.2千米/时，这也就意味着行程五的平均速度是8.7千米/时。

6.供应危机

答案

通信设备	天鹅座飞船	7月10日	节点舱二（顶部接口）	外部储备平台
地球观测设备	联盟号飞船	7月26日	服务舱	美国实验室
食物	HTV飞船	7月15日	节点舱一	多功能舱
质谱仪	进步号飞船	7月18日	码头号对接舱	功能货舱
泵机组	龙飞船	7月7日	节点舱二（底部接口）	日本后勤舱

解析

地球观测设备是由联盟号飞船运送的（线索3），而进步号飞船和HTV飞船都没有运送通信设备，这就意味着它要么是由天鹅座飞船，要么是由龙飞船运送的。然而，通信设备被安置在了外部储备平台（线索1），而龙飞船运送的货物则是被放在了日本后勤舱（线索4），这就意味着通信设备必定是由天鹅座飞船运送的。

天鹅座飞船不可能与节点舱二（底部接口）（线索1）、服务舱（线索7）、节点舱一（线索5）或者码头号对接舱（线索2）对接，其对接口就必定是节点舱二（顶部接口）。质谱仪是由对接在码头号对接舱上的飞船运送的（线索2），这就表明其不可能是由天鹅座飞船、联盟号飞船或者HTV飞船（线索5）运送的，因此，要么是进步号飞船，要么就是龙飞船。由于HTV飞船运送的货物没有被安放在外部储备平台、美国实验室、日本后勤舱或是功能货舱，它必然是被放在了多功能舱。我们现在知道其运送的货物不可能是泵机组（线索5）、通信设备、地球观测设备或质谱仪，于是由HTV飞船负责运送，在节点舱一对接的货物就只可能是食物了，它被储存在了多功能舱，时间是7月15日。

天鹅座飞船与节点舱二（顶部接口）对接，HTV飞船则与节点舱一对接，而联盟号飞船的对接口不是节点舱二（底部接口）（线索1），这就意味着它要么在码头号对接舱对接，要么在服务舱对接。运送至码头号对接舱的货物是质谱仪，所以联盟号飞船的对接点是服务舱，它运送的货物是地球观测设备，这些设备最后被存放于美国实验室（线索7）。

不管是HTV飞船运来的食物，还是其他飞船运来的泵机组，存放地点都不是功能货舱（线索5），于是存放在那里的货物必定是质谱仪，而存放在日本后勤舱的货物一定是泵机组，运送泵机组的则应该是龙飞船。这样一来，运送质谱仪的就一定是进步号飞船了，其对接口应该是码头号对接舱，而龙飞船的对接口则应该是节点舱二（底部接口）。

现在，我们可以用两条线索来排出各艘飞船抵达的顺序：
线索1：龙飞船……天鹅座飞船……联盟号飞船。
线索5：龙飞船……HTV飞船……进步号飞船。

我们知道 HTV 飞船是在 7 月 15 日抵达的（线索 6），而天鹅座飞船不是在 7 月 18 日抵达的（线索 6）。由于进步号不是最后抵达的飞船（线索 2），而龙飞船在两条线索中都是最早抵达的，于是我们可以推测龙飞船抵达的日期是 7 月 7 日，天鹅座飞船是在 7 月 10 日，HTV 飞船是在 7 月 15 日，进步号飞船是 7 月 18 日，而联盟号飞船则是 7 月 26 日。

7.太空中的闲暇时光

答案

费伊	阅读	三张照片	妹妹	T2 跑步机
菲利佩	弹吉他	五张照片	父母	阻力运动装置
芬格尔	玩电脑象棋	四张照片	电视摄制组	脚踏式测力机
菲奥娜	听音乐	一张照片	孩子	VELO 测力自行车
弗兰克	看电影	二张照片	朋友	俄国跑步机

解析

和菲奥娜通话的不是她的妹妹（线索 4），而与自己妹妹通话的人是一位女性（线索 5），因此只能是费伊。与芬格尔通话的是一个电视摄制组（线索 1）。与自己父母通话的人是一位男性（线索 7），这就意味着，菲奥娜作为乘组中的另一位女性，并且通话对象不是她的朋友（线索 5），那么就只能是她的孩子。

弗兰克拍摄了两张照片（线索3），而费伊拍的照片要比菲奥娜多（线索6）。我们还知道有两位乘员拍摄的照片数量比费伊多（线索7），那么费伊拍摄的照片数量就一定是三张，于是菲奥娜就是那个只拍了一张照片的人；那位玩电脑象棋的乘员拍摄了四张照片，而那位与父母通话的乘员则拍摄了五张照片（线索7）。

我们现在知道费伊的活动是阅读，而菲奥娜则是听音乐（线索5）。弗兰克没有弹吉他（线索3），也没有玩电脑象棋，因为下象棋的是那个拍了四张照片的人，于是弗兰克的活动一定是看电影。

菲奥娜最喜欢的训练装置是VELO测力自行车（线索5）。费伊喜欢的是T2跑步机（线索6），而阻力运动装置是菲利佩的最爱（线索2）。弗兰克不是那个与自己父母通话的人（线索7），这就意味着他的通话对象一定是自己的朋友，这样一来就可以判定菲利佩是那个与父母通话的人，也是拍了五张照片的人；芬格尔就是那个玩电脑象棋，并且拍摄照片数量为四张的人；而菲利佩则是那个弹奏吉他的人。因为芬格尔最喜欢的运动器械不是俄国跑步机（线索1），那一定是脚踏式测力机，于是，剩下的俄国跑步机就必定是弗兰克的最爱了。

8. 探测进展

答案

卡利努斯4号	土卫十五	3年42天	太阳风数据	俄罗斯
戴留斯2号	金星	4年200天	存在海洋的证据	西班牙
杰塔5号	火卫一	2年20天	地表图像	意大利
马其顿11号	海卫八	14年212天	有机化合物	挪威
俄瑞斯忒斯3号	木卫二	7年3天	金属和矿物样本	荷兰

解析

杰塔5号属于意大利(线索4),持续时间7年3天的任务属于荷兰(线索1),而飞向金星的探测器属于西班牙(线索8),因此,以土卫十五为探测目标,持续时间为3年42天,并且不属于挪威(线索6)的那次任务一定是俄罗斯开展的。俄瑞斯忒斯3号飞向木卫二(线索2),由于杰塔5号属于意大利,它的目标不会是金星或土卫十五,并且它也不是飞向海卫八的(线索4),那么它的目的地就一定是火卫一,它的任务一定是拍摄地表图像(线索7)。

杰塔5号任务的持续时间不是14年212天,而戴留斯2号任务的持续时间是4年200天(线索5),因此杰塔5号任务的持续时间必定是2年20天。属于俄罗斯,飞向土卫十五的探测器不是马其顿11号(线索3)，所以俄罗斯的探测器必定是卡利努斯4号，其任务持续时间必定是3年42天，任务是收集太阳风数据(线索9)。

挪威的探测器任务是采集有机化合物(线索6)，而由于西班牙的探测器是飞向金星的，其任务也不是采集金属和矿物样本(线索8)，那么西班牙探测器的任务就一定是寻找存在海洋的证据。这就意味着马其顿11号一定是飞向海卫八的，而采集金属和矿物样本的探测器必定是荷兰的，其任务持续时间应该是7年3天，后者不可能是马其顿11号(线索3)，因此它一定是俄瑞斯忒斯3号，其目的地是木卫二（线索2）。这也就意味着属于挪威的马其顿11号的任务是采集有机化合物，该任务的持续时间是14年212天。

9. 火星任务

答案

布雷特和克里斯托弗	采集岩石样本	4 千米	2 小时 15 分钟	科普莱特斯地区
克劳斯和凯文	搜寻水的证据	3 千米	2 小时 40 分钟	水手号峡谷地区
迈克和佩塔	搜寻生命的痕迹	1 千米	4 小时 35 分钟	陶玛西亚地区
妮可和纳蒂亚	采集实验数据	2 千米	3 小时 12 分钟	艾利达尼亚地区
文尼和胡安妮塔	记录图像	5 千米	3 小时 22 分钟	阿蒙蒂斯地区

解析

　　要么是克劳斯和凯文，要么是妮可和纳蒂亚，这两组当中的某一组的任务是采集实验数据，并且任务持续时间是3小时12分钟（线索4）；由于这不可能是克劳斯和凯文（线索6），那么就一定是妮可和纳蒂亚。这也就意味着克劳斯和凯文执行的必定是前往水手号峡谷的任务，且任务内容是搜寻水的证据（线索7）。文尼和胡安妮塔的任务是记录图像（线索5）。由于采集岩石样本小组的移动距离是4千米（线索2），而迈克和佩塔在任务中的移动距离仅有1千米，采集岩石样本就一定是布雷特和克里斯托弗的任务，且任务持续时间是2小时15分钟（线索2），这样一来迈克和佩塔的任务就一定是前往陶玛西亚地区去搜寻生命的痕迹，且任务的持续时间是4小时35分钟（线索3）。

　　我们知道克劳斯和凯文的任务是前往水手号峡谷，迈克和佩塔的任务是前往陶玛西亚地区，文尼和胡安妮塔则是前往阿蒙蒂斯地区（线索5），由于布雷特和克里斯托弗前往的地点不是艾利达尼亚地区（线索1），他们的任务必定是前往科普莱特斯地区，那么剩下的妮可和纳蒂亚的目的地就一定是艾利达尼亚地区了。因为迈克和佩塔的移动距离是1千米，而布雷特和克里斯托弗前往科普莱特斯地区的移动距离是4千米（线索2），这就表明克劳斯和凯文必定需要行驶3千米前往水手号峡谷，而妮可和纳蒂亚需要行驶2千米前往艾利达尼亚地区（线索6），于是剩下文尼和胡安妮塔的移动距离就是5千米了。

我们知道，文尼和胡安妮塔的任务持续时间不是2小时40分钟，那么它必定是克劳斯和凯文的任务时长，于是文尼和胡安妮塔的任务时长就必然是3小时22分钟了。

10. 火星上的生活

答案

克劳德特	电力系统	21次任务	农业	健身设备
吉姆	环境控制	19次任务	能源设备安装	科学设备
莱昂内尔	对接端口	11次任务	制氧	土壤采集材料
诺亚	气闸舱	15次任务	车辆维修	水提取材料
塞丽娜	生命保障系统	17次任务	水回收	药物

解析

克劳德特是电力系统专家（线索3），莱昂内尔的专业领域是对接端口，他负责卸载的是土壤采集材料（线索4），而那位对气闸舱设计感兴趣的航天员的任务则是维修车辆（线索7）。由于塞丽娜的任务与水回收有关，并且她不是一位环境控制方面的专家（线索6），她的专业领域必定是生命保障系统。

克劳德特此前执行过21次任务（线索3），而那位负责能源设备安装的航天员执行过19次任务（线索1）。另外，克劳德特的任务不可能是车辆维修（线索7），而塞丽娜的任务是水回收

（线索6），这就意味着克劳德特的任务要么是制氧，要么是农业方面。然而，负责制氧的人是一位执行任务少于21次的航天员（线索5），这样一来克劳德特的任务就只能是农业方面的了，他负责卸载的设备应该是健身设备（线索2）。

我们知道，诺亚比那位卸载科学设备的航天员少执行了4次任务（线索5）。这个人显然不可能是克劳德特。因此那位卸载科学设备的航天员所执行任务的数量不是19次就是15次，于是诺亚执行任务的数量就应该是11次或15次。由于诺亚执行任务的数量要比那位负责制氧的航天员多（线索5），诺亚执行任务的数量不可能是11次。这就意味着执行任务数量的顺序应该是这样的：负责制氧的那名航天员是11次，诺亚是15次，而负责卸载科学设备的那名航天员则是19次。那么，作为执行过15次任务的航天员，诺亚此次的任务就应该是车辆维修（因为克劳德特的任务与农业相关，塞丽娜负责的是水回收，而能源设备安装是由那位执行过19次任务的航天员负责的），而诺亚的专业领域一定是气闸舱，也因此，吉姆的专业领域应该就是环境控制了。

因为作为执行任务数量为15次的诺亚不是那个负责卸载药物（线索5）或科学设备的人，而负责土壤采集材料卸载的人是莱昂内尔（线索4），卸载健身设备的是克劳德特，诺亚负责卸载的物资一定是水提取材料。塞丽娜的任务是水回收，这就意味着——因为莱昂内尔执行的任务数量比吉姆少（线索4）——吉姆的任务一定是安装能源设备，同时他必定是那位执行了19次任务的航天员，负责卸载科学设备，这样一来，莱昂内尔执行任务的数量就是11次，此次承担的任务是制氧，而塞丽娜执行的任务数量是17次，其职责是卸载药物。

决策

在航天员选拔的最后一次面试期间，我被问到一个问题：作为一名航天员，最需要具备哪种素质？在一阵短暂的思索后，我回答"良好的判断力"。判断力本质上就是深思熟虑后做出决定，或者得出明智结论的能力。这件事说起来容易，做起来难。有些人天生就是优秀的决策者，而他们甚至都没有意识到自己是如何做出那些明智决策的。

良好的判断力，或者说做出明智决策的能力，是成功的万能钥匙。因此，这是一个广受研究的课题。好消息是，对于那些觉得找到某些复杂问题的答案有困难的人们来说，这是一项可以习得的技能。有许多不同的技巧和案例展示了如何去处理问题，以及如何找出最佳的解决方案。当然，具体情况需要具体分析，就像一个用于军事领域的模型在被用于航空或者医疗领域时，自然不可能完全相同。不过，它们最终的目标都是一样的：做出明智的决策。

在训练期间，欧空局的航天员会学习一种"六步决策法"。按照首字母顺序，这六步依次是：Check（检查），Decide（决策），Execute（执行），Facts（事实），Options（选择）以及 Risks（风险）。可以用这六个加粗的首字母组成的缩略词来称呼这个方法。借助良好的逻辑能力，你能否将上述六个步骤正确排序，并判断下面的四个缩写词中哪个是正确的？

a) FORCED   b) DRECOF   c) FORDEC   d) CORFED

正确答案是 FORDEC——这是一种将结构性与逻辑运用于复杂问题的方法。以下是具体介绍：

●Facts（事实）：首先你需要收集与这个问题相关的所有信息。你还需要认真评估其中缺失的细节信息并设法将其补全。这里举一个例子：根据仪表数据，一个天线无法收回。首先空间站乘组需要通过与地面联系以及其他方式确认该数据，并收集信息，了解这个问题是否会对计划中的其他操作产生影响。

●Options（选择）：一旦完成信息收集，接下来要做的就是列出所有可能的解决方案。在考虑各种选择时，你需要参考自己过往的经验。在上述天线的案例中，乘组会和地面探讨该故障是否可以在太空行走期间进行修复，让天线重复收回动作，或者修复某种软件故障，诸如此类。如果太空行走被证明是唯一能解决这个问题的方法，那么就要考虑原本计划中的太空行走能否解决这个问题，是否需要特别安排额外的太空行走任务等。考虑各种解决方案这件事本身就是一门艺术。如果你能想到的解决方案数量过少，那么你可能需要再从其他角度去考虑一下，或者通过与其他人讨论获取新的想法。反过来，如果有太多备选方案，那么接下来的决策过程就会变得非常复杂和耗时。通常来说，准备三种现实的解决方案是比较好的做法。

●Risks（风险）：现在，你需要评估你所列出的不同解决方案背后的风险和收益。你需要弄清楚每一项行动的利弊，并权衡两者，最终决定是否值得承担这样的风险。在可能的情况下，你应该基于自己过往的经验进行判断，同时你需要考虑自己手上有多少可用的资源（包括时间资源）。就前面提到的天线问题而言，乘组和地面将会共同评估各项方案的优劣，并估算每种方案成功的可能性大小。

●Decide（决策）：基于对不同方案的利弊分析，现在是时候决定你愿意承担何种程度的风险并据此做出决策了。在天线的案例中，他们可能会做出这样的决定：在下一次原定的太空行走期间尝试收回天线。重要的是：决策一旦做出，必须得到认真执行。

●Execute（执行）：将决策转化为行动。航天员将开始花时间准备工具，评估抵达天线的最佳路径，并开始着手调整他们计划中的太空行走日程，将新的事项加入其中。

●Check（检查）：一旦决策得到了执行，你应当对结果进行检查，并将这一结果与你最初的预期以及风险/收益评估进行对比。如果问题未能解决，你就必须完整重复一次FOR-DEC决策过程，不可跳过其中的任何一个步骤。举例来说：如果天线仍然无法收回，那么航天员必须与地面一起，重复上述的问题解决过程，重新对事实进行评估。也许可以收集更多的图像信息，用以评估该天线是否可能对未来的操作产生干扰，并查找究竟是什么原因阻碍了天线的收回。

在太空中，很多情况下FORDEC模型都可以帮助解决复杂的问题。在上述天线的案例中，这一过程可能会牵涉到地面指挥中心内许许多多具有不同专业背景（工程、制导、导航与控制、太空行走等）的专家，可能会持续数个小时才能得出结论。然而，这一模型同样适用于在一个小型团队内部进行快速决策。

在时间紧迫的情况下，航天员所接受的严格训练将会发挥作用：良好的环境感知能力让他们可以快速确定事实；逻辑和推理能力帮助他们找出可能的解决方案并评估相应的风险；而团队协作和沟通能力在执行决策的过程中将扮演至关重要的角色。

下次，当你遇到难以抉择的问题时，可以试着运用FORDEC模型，看看是否有助于你做出明智的决策。

个性

你的个性如何？良好的自我照料往往基于对自己彻底的了解：你的强项和弱项分别是什么？在不同的情境下，你如何才能最佳应对？

以下是一些你可以尝试的点，源自航天员选拔过程中的心理学部分。你会如何回答以下关于你自己的问题？你可以简单写一些关键词（直接写在本书上，另外找一张纸或者在电脑上写都可以），不必写完整语句。

1.在你的个人成长中，有哪些比较突出的特点？

2.当下的你如何看待自己所接受的中学教育或/和高等教育？你如何看待你的同学、老师、同事和上级？

3.在学校、公司、俱乐部或是其他组织中，你通常扮演的是何种角色？

4.在你的人生中，有哪些特别的事情或经历，得到过哪些认可，取得过哪些成功，经历过哪些失败、失望或关键时刻？

5.你有哪些兴趣爱好？

6.你曾经历过意外、严重的疾病或伤害吗？

7.你的性格特征中，哪些特征是让你加分的？哪些是让你减分的？

8.是什么让你决定申请成为航天员的？

你回答上面这些问题的方式将帮助考官和航天员训练的教练员评估你的人格类型。在一项著名的研究中，伊莎贝尔·布里格斯·迈尔斯（Isabel Briggs Myers）和凯瑟琳·库克·布里格斯（Katharine Cook Briggs）基于心理学家卡尔·荣格（Carl Jung）的理论，认为可以通过"迈尔斯-布里格斯人格类型测验（MBTI测验）"将人分为16种不同的人格类型。尽管航天员选拔过程并不会严格使用这个测试，但也的确会引入一些心理学任务来评估候选人的品质。

测试1

在迈尔斯-布里格斯人格类型测验中，一个人的个性被分为四大关键特征，每项特征又都有两种不同倾向，它们分别是：

- **内向（I）vs外向（E）**：与一般认识相反，这一特征并非关于害羞或吵闹/热情洋溢之类，而是与你的精力来源有关：你是从独处中获得能量，还是从自己所处的团体中获得能量？你的主要驱动力更多来自周围的环境，还是你的内心思想？
- **实感（S）vs直觉（N）**：这一特征是关于你如何感知事物。实感阵营的人主要从五感获得大部分的信息，包括嗅觉、触觉、味觉、视觉和听觉。相比之下，那些属于直觉阵营的人经常会使用他们的"第六感"，或者直觉。
- **理智（T）vs情感（F）**：你如何做决策？理智者一般比较客观，会使用逻辑去推出结果；而情感者做决定时，受到主观因素的影响比较大。

●判断(J)vs感知(P)：要想判断你自己属于哪一类，不妨想想你是如何规划你的生活的。判断者做事一般比较果断，有计划，有条理；而感知者通常更灵活，适应性更强，更率性。

你可以尝试判断自己在上述四类特征中分别属于哪种倾向，随后将四个字母组合到一起，就能看到你自己的人格类型。比如说你可能是ISTJ型，或者也可能是ENFP型，等等。

至于什么样的人才能成为航天员，就人格测试而言，并不存在标准答案。事实上，随着世界各国航天局开始策划长期的月球和火星任务，一个更具多样性的乘组最有可能取得成功。然而，某些极端的性格可能会带来问题。除此之外，在和他人合作时，知晓自己的长处和短处是件好事。HBP训练会帮助你进一步发展这些能力。

你认为下面这几种人格类型的长处和短处分别是什么？
a) ENTJ
b) ISFP
c) ESTP

另外，或许更加重要的是，就你个人而言，你最想和何种性格的搭档飞向太空呢？这个问题并没有正确答案——对于每个人而言答案都会是不同的，它取决于你自身的心理素质。

测试复盘

作为一位预备航天员，学习俄语和接受"人类行为与表现（HBP）"训练课程构成了18个月基础训练的一部分。在这段时间里，你还会了解到世界上几个航天大国航天局的情况（当然重点还是了解欧洲空间局），以及他们的主要载人和无人航天项目。你还会学习太空法以及国际上的相关政府间协议，它们规范着全球范围内的太空合作。

接下来，你就会深入到技术细节的阶段。不管是对于后来的发射升空，还是在太空中的生活和工作，这一阶段都是至关重要的。你会接触到航天工程、电气工程、空气动力学、推进、轨道力学、材料与结构学等领域，同时还要学习很多科学方面（比如在失重状态下开展研究、地球观测以及天文学）的知识。

基础训练中还将提供关于国际空间站及其各系统的详细介绍。你会学习空间站的结构和设计、制导与控制、热控制、发电与配电、指令与追踪、生命保障系统、机器人系统、太空行走系统以及载荷系统等。另外，你还将了解地面系统，包括测试基地、发射基地、训练与控制中心。

基础训练的最后一部分包括所谓的"特殊技能"，如机器人学与生存训练。航天员还会接受水肺潜水训练，并学习与国际空间站交会对接有关的基础知识。如果想更详细地了解其中一些技能，请翻阅本书的插页。否则，请准备好迎接第四部分，以及航天员未来的太空之旅：火星训练。

第四章

火星任务

火星训练

"休斯敦，我们有麻烦解决者了！"[1]

恭喜你，你现在正朝着一名合格航天员的方向迈进。目前你已经完成的测试为你装备了许多关键技能和素质，它们将在你前往国际空间站的任务中得到很好的利用。

然而，人类有一种无法抑制的探索欲望。我们总是期待着到达新天地，投身新的激动人心的冒险。人类再次离开近地轨道，前往更广阔的太阳系冒险的时刻正在快速逼近。我们已经去过月球了，现在即将重返月球，建立一个更永久的居住基地，并将其作为通往更远目的地的跳板。火星，就当前而言，作为一项终极挑战，已经脱颖而出。以我们现有的技术水平，我们无法在太阳系中的其他行星上生活、工作和探索。水星和金星太热了，而另外四颗带外行星没有固体表面。

今天，火星上"居住"着一群着陆器和火星车，我们派它

1　这是对美国阿波罗 13 号那句著名的"休斯敦，我们有麻烦了！"的化用。——译者注

们前往火星，代替我们进行探索。它们为我们揭示了一个迷人的世界，一些诱人的线索透露出一段不可思议的历史。虽然火星现在是一片干燥、尘土飞扬的土地，但越来越多的证据表明，火星过去曾有液态水。也许它的起源与地球相似，只是因为后来的演化才出现明显的差别。有可能火星上的生命与地球上的生命在大约相同的时间产生，并且那些生命依然存在于这颗红色星球上的某个角落里。

将人类送上火星将有助于确定我们在太阳系中是否孤独。这个行动或将引发一连串事件，也许有一天人类会在那里永久生存。如果我们能在火星上建立一个前哨站，假使有灾难威胁到地球上的生命，它就可以为人类提供一份保障。我们知道，推动深空探测的发展将带来更多的好处。火星之旅将迫使我们为新的问题设计出创造性的解决方案，这些解决方案可以造福我们所有人——无论是医学、技术和可持续性方面的突破，还是创造出一个我们甚至还没有想到的新领域。

第一个登上火星的人很可能此时此刻已经出生，很可能正在学校读书，也许就是你。那么，如果要成为那个人，你的百宝囊里需要存点什么呢？

为了成为这颗红色星球上的第一名航天员，你需要拥有独特的优势和技能，甚至可能会超越你在本书中已经遇到的严格要求。勇敢的火星先驱者将遇到一些迄今为止人类所未知的生理和心理压力，但不要害怕。欧空局和世界各地其他航天局的许多专家已经在计划这样一次飞行任务。长时间的训练实验已经在进行中，以观察当我们长期处在极端环境中会发生什么；当我们与亲人分离，与世隔绝，仅有少数航天员搭档相伴时又会发生什么。

火星任务将是一个全新量级的挑战。随着我们了解更多关于如何在深空条件下生存和发展的知识，本书中探讨的航天员选拔和训练过程在未来可能会发生重大变化。

本书的最后一部分包括问题、活动、谜题和访谈，这些都基于对载人火星任务的最新研究。你已经是精英了，现在准备好加入火星精英吧。祝你好运，航天员！

开始最终测试流程

测试1：模式识别

下面你将看到一系列形状和图案。如果它们排成一条直线，那么你要从多个选项中选出下一个形状或图案。如果它们排列在网格中，那么你必须选出一个合适的选项来填进空格内。不过，必须要快，因为每个谜题你只有十秒钟时间。

以下是一个示例：

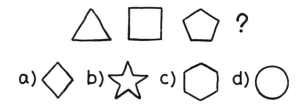

答案是c)，因为后一个形状比前一个多一条边。

现在请尝试完成以下模式识别测试：

1.

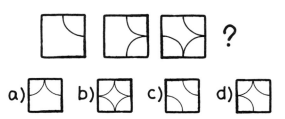

2.

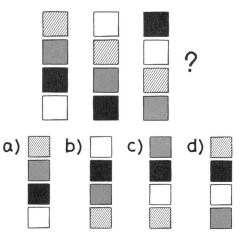

3.

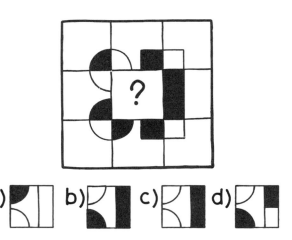

星际求职指南

4.

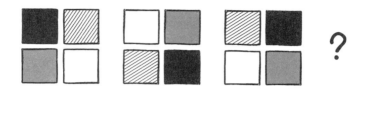

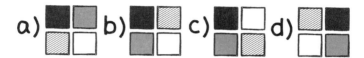

5.

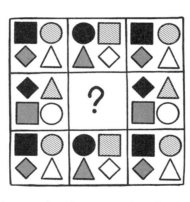

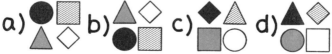

6.

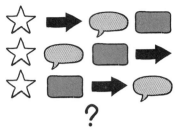

7.

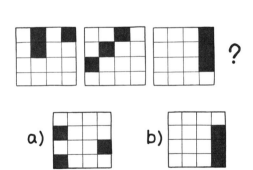

星际求职指南

8.

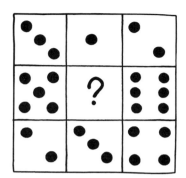

9.

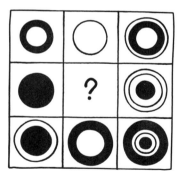

10.

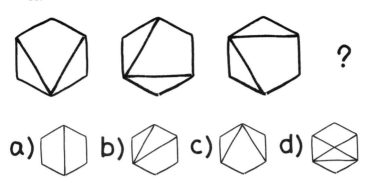

a) b) c) d)

答案

1. b）

2. c）移除底部的方块，将其添加到下一摞的顶部。

3. a）

4. b）四个方块先沿对角线翻转，再做垂直翻转，因此，接下来需要水平翻转。

5. d）图案是相邻形状的镜像，颜色位置不变。

6. c）每次将第二个图形移动到末尾。

7. d）前三组黑色方块的位置分别是 (2，4，6)、(3，6，9)、(4，8，12)，所以答案是 (5，10，15)。

8. b）中间一行的数字是上下两个数字之和。

9. c）第一列的图形与第二列的图形相加得到第三列的图形。

10. c）如果从顶部开始，对六边形顶点顺时针编序：0、1、2、3、4、5、6、7、8……则第一张图上有连线的顶点编号为 (1，3，5)，第二张图上有连线的顶点编号为 (2，4，6)，第三张图为 (3，5，7)，那么第四张图应为 (4，6，8)。[1]

1　即将六边形绕中心点顺时针旋转 60°。——编者注

测试2

这个游戏由练习1和练习2两组问题组成。一个是记忆游
戏，另一个是算术测试。这个游戏本身也由两部分组成。现
在完成第一部分并记下你的分数。然后，经过30分钟适度锻
炼（如健步走、跑步或骑自行车），再完成第二部分。

第一部分

练习1：记忆矩阵

下面有一系列格子。部分方块用黑色阴影表示。你的任
务是记住这些黑色方块的位置。你只有三秒钟的时间记忆；
然后，用一张纸盖住格子，回忆黑色方块的位置，将它们标记
在旁边的空白网格中。为了确保你看不到下一个格子，需要用
一张纸覆盖其余的问题，然后逐渐下移，露出后面的格子。

你能正确记住多少？（每答对一个格子得1分）

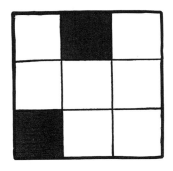 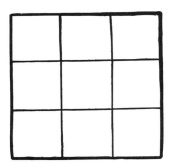

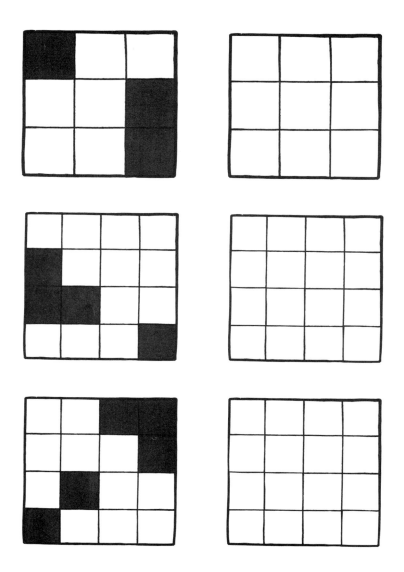

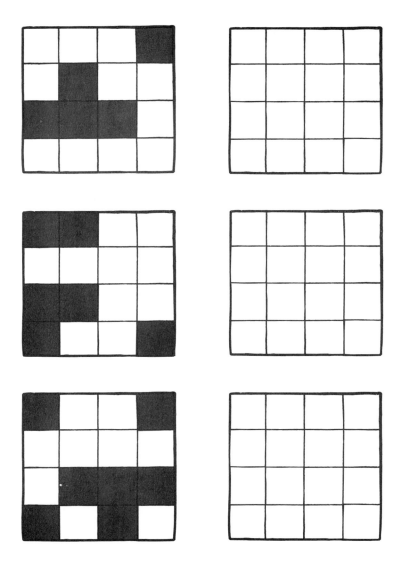

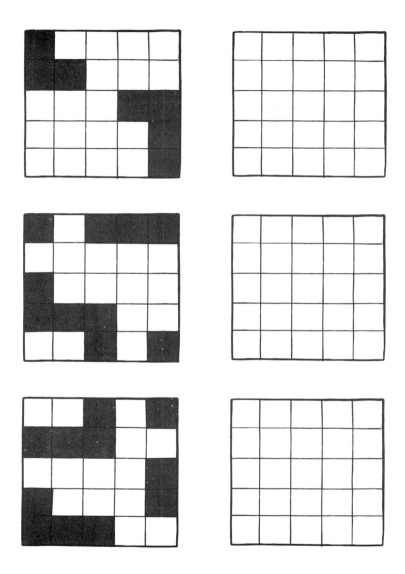

练习2：快闪数字

在这个练习中，你将看到两列数字，或者说是一组左右排列的数字。你要迅速判断出每一行中哪个数值更大（A还是B），或者相等(C)。你有两分钟的时间，尽可能答对更多的问题。

A | B

1. 18 | 26
2. 31 | 31
3. 19+6 | 24
4. 12 | 7+4
5. 27+14 | 41
6. 80 | 33+48
7. 28-9 | 18
8. 51-8 | 43
9. 24 | 75-52
10. 65 | 99-33
11. 20÷4 | 4
12. 14 | 39÷3
13. 63÷9 | 8
14. 2×10 | 3×4
15. 6×6 | 12×3
16. 4×7 | 9×3
17. 25+38 | 82-19
18. 96÷12 | 57-48
19. 9×15 | 680÷5
20. (7×6)-5 | (72÷3)+14

答案

1. B   2. C   3. A   4. A

5. C   6. B   7. A   8. C

9. A   10. B   11. A   12. A

13. B   14. A   15. C   16. A

17. C   18. B   19. B   20. B

第二部分（经过30分钟锻炼再继续）

练习1：记忆矩阵

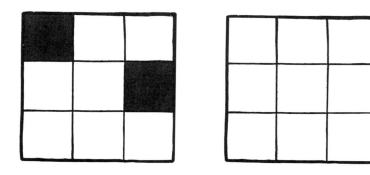

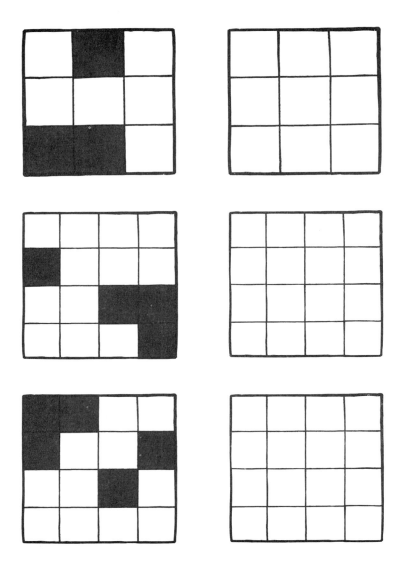

　　　　　　　　　　　　　　　　　　　　　星际求职指南

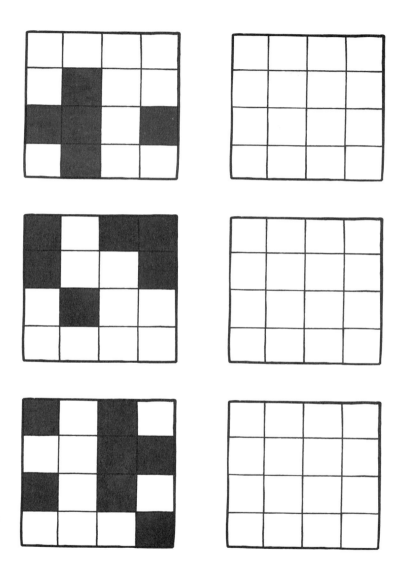

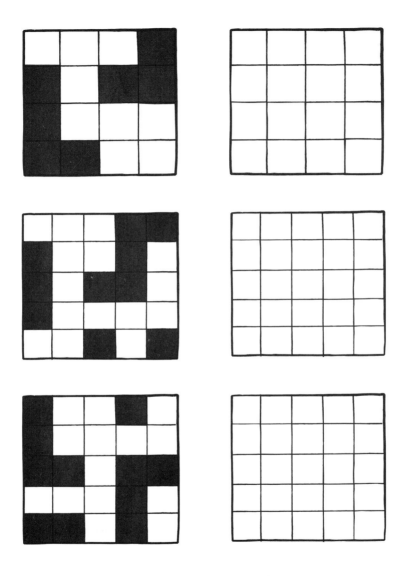

练习2：快闪数字

每一行中哪个数值更大（A还是B），或者相等（C）？

A | B

1. 25 | 17
2. 41 | 42
3. 27 | 9+17
4. 8+7 | 14
5. 45 | 29+16
6. 52+19 | 72
7. 15−6 | 8
8. 84 | 93−8
9. 63−49 | 14
10. 37 | 77−38
11. 28÷7 | 4
12. 16 | 45÷3
13. 54÷6 | 8
14. 3×11 | 4×8
15. 17×3 | 5×10
16. 6×7 | 9×5
17. 42+15 | 75−17
18. 91−84 | 84÷12
19. 512÷8 | 13×5
20. (105÷3)−4 | (4×9)−6

答案

1. A	2. B	3. A	4. A
5. C	6. B	7. A	8. B
9. C	10. B	11. C	12. A
13. A	14. A	15. A	16. B
17. B	18. C	19. B	20. A

　　第一部分和第二部分，哪一部分你做得更好？练习1和练习2呢？如果上述测试都做完了，那请继续阅读。

测试复盘

与本书第一部分中航天员选拔过程的问题不同，这里测试的不是你的数学或记忆能力。你测试的成绩好坏也并不重要。相反，航天局对你在两组问题上所表现出的不同比较感兴趣。

这些测试与火星-500项目参与者所经历的测试非常相似。火星-500项目是由欧空局、俄罗斯和中国于2010年进行的一项真人实验，目的是在地面模拟火星任务对航天员的心理影响（见第222页，我们将更详细地探讨该实验）。负责该项目的科学家发现，在经过一段时间的锻炼后，航天员乘组在这类问题上会表现得更好。与上述练习相比，接受训练的航天员将会被问得更频繁，当然，经历的时间也更长。因此，不要对你的结果做过多的解读，但它确实会让你对火星航天员的训练任务有些许了解。

第一次火星任务的训练计划将参考这些实验结果，以保持乘员的认知功能处于尽可能高的水平。在漫长的太空旅行中，如到达火星所需的旅行中，团队的所有成员都必须保持心理功能，这很重要。地面指挥中心希望提前了解最可能影响认知的因素。

模式识别练习与我执行国际空间站任务过程中必须进行

的认知测试非常相似。每一组测试持续30分钟，除模式识别外，还包含九种其他类型的题目。我们在发射前进行了大约十次测试，以建立起一个参考基准，以后每两周都会在轨进行一次测试——通常是在睡觉前30分钟，那时我们可能感觉最累。任务科学家会研究我们的认知能力是否会随着时间推移而改变，以及这是否与我们的睡眠模式、工作量等有关。这些测试还为乘组提供了表现的即时反馈，因而我们能够观察自己的心理功能是否达到预期水平。

像这样的测试只是在国际空间站进行的其中一项而已，这些工作将帮助我们为火星任务做准备。任务规划师会优化我们的时间表，确保我们以最有效的方式工作。南极协和站（Concordia Research Station，也可音译为康科迪亚站）任务参与者接受了同样的测试，这些任务帮助候选人为长期空间任务做准备（见第238页）。将来，选拔过程可能必须根据候选人在第一部分中遇到的各种问题进行调整，不仅测试候选人的认知能力，还要测试这些能力是否能在相当长的一段时间内保持稳定。

测试3：情绪日记

　　火星之旅会让你远离家乡，体验前所未有的与世隔绝。重要的是，一旦发现问题的迹象，就要立即标记，而不是任由它们发展成为更大的问题。不管是具体的设备问题，还是心理上的问题，都要如此。

　　你下周的任务是把自己的想法和感觉写成简短的日记。每天写几行你所做的事，再写几行你的情绪——你是否感到快乐、悲伤、兴奋、紧张等等。

　　每隔一天，用手机或麦克风记录下自己的声音，例如朗读《伊索寓言》"北风与太阳"中的段落：

　　北风和太阳正在争论谁更强。这时他们瞧见一个旅行者裹着一件温暖的斗篷走了过来。他们一致同意，谁先成功让旅行者脱下斗篷，谁就更强。

　　然后北风拼命地吹着，但他吹得越猛，旅行者就越把斗篷紧紧地裹在身上；最后北风放弃了。然后，太阳温暖地照耀着，旅行者立刻脱下了斗篷。

　　于是，北风不得不承认太阳更强。

　　在这一部分的后面，将有更多关于如何写日记和录音的细节。

火星的挑战

到目前为止，第四部分中的测试对你来说可能有些棘手或非常规，这是因为把人送到火星将是人类有史以来最伟大的尝试——这一壮举需要严谨和横向思维。以下是这颗红色星球向未来航天员提出的一些独特挑战。

孤独

登上月球可能需要三天的时间，但月球距离我们不过只有100万千米的1/3。而火星呢，至少有5 000万千米远——有时更远，因为地球和火星都绕太阳运行。这可能意味着单程就需要七个月。仅仅为了到达这颗红色的行星，就需要比标准的国际空间站任务更长的时间，更不用说还有火星探索和返回家园的时间。

你和你的乘组将经历比历史上任何一个人都更深的孤独。当地球这颗"蓝色弹珠"最终消失在远方，红色的火球甚至还没有从一片漆黑中浮现出来。如果你在国际空间站想家了，至少你能从下方的窗户里看到它。然而，在火星上，与其他人类的隔绝可能会造成巨大的心理压力。

任何招募航天员前往火星的选拔测试都需要考虑到这一点。未来，一些航天局甚至可能会选择一位训练有素的心理学家执行任务，帮助调节团队的精神和情绪。正如我们稍后

探讨的那样，世界各地的航天局已经在研究应对长期孤独的
策略。

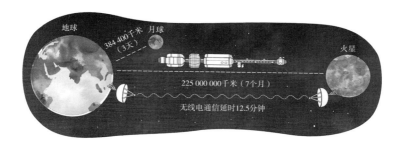

自主

在国际空间站时，我们一直处于地面指挥中心的注视之
下。地面指挥中心会对航天员的一举一动以及国际空间站发
生的每件事都进行细致的监测。如果出现任何问题，地面指
挥中心时刻准备提供帮助。由于不可避免的通信延迟，这根
本不是火星任务的可选项。

尽管无线电以光速（高达300 000千米/秒）传输，但它们仍
然需要4~24分钟才能抵达地球（具体取决于行星绕太阳运行的
确切位置）。想象一下，如果在去火星的途中遇到了问题，你
的求救信号可能需要10分钟才能到达地球，然后还要再等10
分钟才能得到答复。航天局已经在各种训练场景中引入了人
为延时，以了解更多关于通信延迟的后果。事实上，在我为
期12天的水下NEEMO任务中，地面指挥中心和水下栖息地之

间就人为施加了 50 秒的延迟。未来，国际空间站也有可能通过人为提高隔离度和引入通信延时的方式来进行深空任务的训练。

鉴于太空的浩渺，不可避免地，被选中执行火星任务的航天员需要非常擅长自行决策和解决问题。该领域的培训也必须进行调整，让航天员具备合适的技能。

辐射

太空是一个危险的地方，尤其是太阳系中还充斥着来自太阳与更遥远的宇宙的高能辐射。谢天谢地，大气层和地球磁场在很大程度上保护我们免受这种有害能量的影响。即使在国际空间站，我们也能得到相当多的庇护，因为空间站的轨道位于地球磁场范围内。在国际空间站上，航天员待的时间较长的部分舱段（例如航天员宿舍）受到了更严密的辐射防护。如果太阳辐射出巨大的质子风暴（称为"日冕物质抛射"），航天员可能不得不到那里避难。另一种危险的辐射形式是银河系宇宙线（GCR）。这些高能质子和原子核主要来自太阳系外，当它们撞击国际空间站的部分区域时，会产生大量的次级粒子。

当你前往火星，地球磁场为生命提供的安全感不复存在。辐射剂量达到一定程度便足以诱发辐射病，并会增加罹患癌症和白内障等长期疾病的风险。世界各地的航天局仍在努力开发更轻便的方式来保护穿越太阳系的航天员。水是一种有效的屏障，但它的自身重量决定了它并非理想的选择。其他选择包括用干燥后的、消过毒的人类排泄物填充飞船壁上的缝隙——在为期七个月的旅途中，你会产生充足的排泄物，所以不妨使用它们。无论解决方案是什么，我们都不难想象，你或许会因具有更高的"辐射耐受能力"而被选为火星航天员。

登陆

登陆火星的困难是出了名的。回顾过去我们将机器人着陆器和漫游车送到火星表面的尝试，大约有一半都以失败告终。其中一次了不起的成功，是2012年美国航天局将汽车大小的好奇号火星车送上火星。任务指挥官将最后的着陆过程称为"恐怖七分钟"。

此时，通信延迟的影响真正成为不可忽视的焦点，尤其是它超过了七分钟。等地球上的地面指挥中心收到你已经到达火星大气层顶部的信号时，实际上你已经到达火星地面了。如果在下降过程中出现问题，他们是无能为力的。

今天被选中前往国际空间站执行任务的航天员自己心里清楚，他们正沿着一条非常平坦的道路前进。是的，太空旅行有潜在的危险，但现在大量的风险已经得到解决，甚至许多人认为到近地轨道的太空飞行只是例行公事。然而，火星任务有如此多的未知因素，因此航天员的选拔过程将不得不选择愿意为万一出现的问题付出最高代价的人。

生存：ISRU

你已经成功登陆火星——这本身就是一件了不起的壮举。但是登陆火星是一回事，在这颗红色星球上生存则完全是另一回事。人类维持生命需要大量东西，食物、水和氧气以及二氧化碳清除。你从地球上携带的这些物资越多，你的飞行任务就越重。这不仅意味着更多的费用，而且一艘更重的宇宙飞船在火星着陆也会变得更加困难。因此，现在空间科学界的流行语是"ISRU"——就地资源利用（In-situ Resource Utilisation），意思是要尽可能多地利用火星上已有的资源。

你可以利用火星丰富的冰资源和潜在的水资源。一些建筑师提出了古怪的设计，例如建一座巨大的冰屋来居住。科学家提议利用阳光把开放水域中的水分子的结构撬开——水分子是两个氢原子与一个氧原子的结合——这样做将为你提供可呼吸的空气。使用电解将水分离成氢气和氧气的过程已经在国际空间站上广泛使用。同样，你可以从火星稀薄的二氧化碳（CO_2）大气中获取氧气。火星2020任务中会开展相关实验，以验证后一种利用火星上的二氧化碳的理论。

这些创造性的生存解决方案的结果是，在火星航天员的选拔过程中，我们需要选出具有良好科学和工程背景的人，他们能够在地球的有限帮助下维持这些至关重要的生命保障系统。

考虑到所有这些因素，前往火星的乘组显然需要由一群技术娴熟的航天员组成。在未来的任务中，心理学家、医生、工程师和科学家将作为多元化乘组的一员，带来宝贵的技能。他们的训练方式也需要调整，以应对这颗红色星球带来的独特挑战。幸运的是，这些准备工作已经开始了。

以下是根据美国航天局2016年的一项研究提出的火星栖息地想法。最新的想法中还探索了利用火星浮土作为材料进行3D打印的技术。

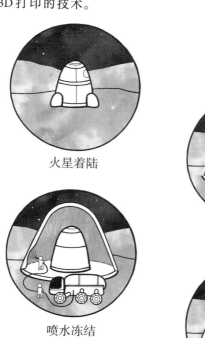

火星着陆

穹顶充气

喷水冻结

永久栖息地

火星任务

火星-500

七个月的火星之旅，至少一个月的地面任务，然后又是同样漫长的返回之旅：前往这颗红色星球的第一批人类可能会在太空中待上一年半——比迄今为止人类在地球以外逗留的时间都要长。

了解和研究长时间太空飞行所面临的挑战就是火星-500项目的目标。从2010年6月开始，由六名男性组成的乘组在莫斯科星城的一艘模拟飞船内与世隔绝地生活了520天。这相当于单程245天，加上在火星表面探测30天。他们挤在一个总体积只有550立方米的狭小空间里。每间卧室只有三平方米。参与者与外界的常规通信被切断，只能与模拟的地面指挥中心通话，每次都有20分钟的延迟。这就是典型的行星际旅行的情况。他们甚至还模拟了到达火星后在火星表面行走。

该实验由欧空局、中国、俄罗斯航天局和俄罗斯生物医学问题研究所（IBMP）合作进行。团队包括三名俄罗斯人（阿列克谢·希特维、苏克罗伯·卡莫洛夫和亚历山大·斯莫勒爱夫斯基）、一名法国人（罗曼·查尔斯）、一名意大利人（迭戈·乌尔维纳）和一名中国人（王跃）。

候选人选拔

你愿意和世界其他地方隔绝500多天吗？尤其是你还看不

到真正进入太空的实实在在的好处和奇迹，但似乎有很多人愿意接受这项挑战——该项目收到了300多份申请。

虽然这个选拔过程比真正的航天员选拔要宽松一些，但你仍然需要达到很多标准才会被考虑。候选人必须：

● 年龄20~50岁。

● 身体健康，身高不超过185厘米。

● 会说一种工作语言：英语或俄语。

● 具有医学、生物学、生命保障系统工程、计算机工程、电子工程或机械工程方面的专业背景和工作经验。

● 为参与欧洲生命和物理科学计划的欧空局成员国的公民或居民，即奥地利、比利时、瑞士、捷克、德国、丹麦、西班牙、法国、希腊、意大利、爱尔兰、挪威、荷兰、瑞典和加拿大（另外英国2012年加入该计划）。

从这300份申请中，有28人被选中进行初步的电话面试，并从中选出十名高素质的、经验丰富的候选人。2010年1月，他们聚集到德国科隆的欧洲航天员中心，接受全面的医学检查、深入的心理测试和专家组面试，以确定他们的动机，以及他们是否适合执行任务等。在许多方面，这与真正的欧空局航天员选拔过程相似。

欧空局的最后四名欧洲候选人在莫斯科的IBMP接受了四个月的培训，之后罗曼·查尔斯和迭戈·乌尔维纳被选中加入其他四名候选人，进入莫斯科这个特别设计的隔离设施。

考官看中的是什么？

你认为你有投入这项事业的思想和技能吗？理想的候选人是身体健壮、情绪稳定、积极进取的团队工作者，对其他文化持开放态度，能够应对实际太空任务中略显简朴的生活方式。不仅个人的性格特征非常重要，而且还需要兼具不同的性格和才能，如此才能为这项涉猎广泛的训练任务打造一个最佳团队。

火星-500 任务时间表

第225~226页是在火星-500实验期间进行的模拟任务的时间表，它是目前我们对火星任务最好的预测。

以下是在火星-500 实验期间进行的模拟任务的时间表。

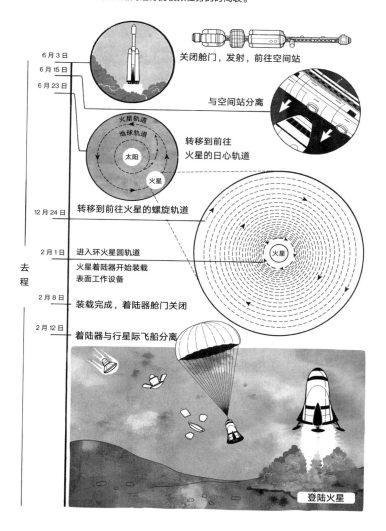

6月3日
6月15日
6月23日   关闭舱门，发射，前往空间站

与空间站分离

火星轨道
地球轨道
太阳
火星   转移到前往火星的日心轨道

12月24日   转移到前往火星的螺旋轨道

2月1日   进入环火星圆轨道

去程

火星着陆器开始装载表面工作设备

2月8日   装载完成，着陆器舱门关闭

2月12日   着陆器与行星际飞船分离

火星

登陆火星

火星任务

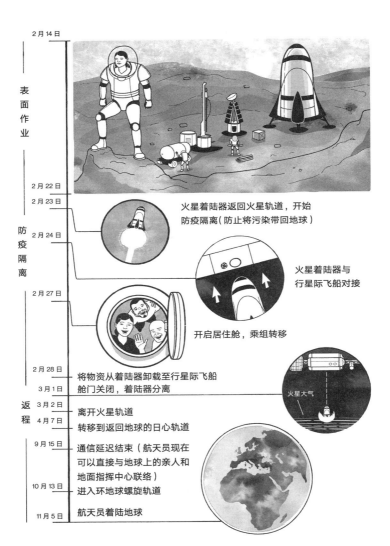

2 月 14 日

表面作业

2 月 22 日
2 月 23 日

防疫隔离

2 月 24 日

火星着陆器返回火星轨道，开始防疫隔离（防止将污染带回地球）

火星着陆器与行星际飞船对接

2 月 27 日

开启居住舱，乘组转移

2 月 28 日　将物资从着陆器卸载至行星际飞船
3 月 1 日　舱门关闭，着陆器分离

返程

3 月 2 日　离开火星轨道
4 月 7 日　转移到返回地球的日心轨道
9 月 15 日　通信延迟结束（航天员现在可以直接与地球上的亲人和地面指挥中心联络）
10 月 13 日　进入环地球螺旋轨道
11 月 5 日　航天员着陆地球

火星大气

　　　　　　　　　　　　　　　　星际求职指南

火星-500日记

作为实验的一部分，火星-500"航天员"必须定期写日记。这为我们提供了日常活动以及人类受试者心理状态的宝贵记录。下面是意大利航天员迭戈·乌尔维纳写于2011年10月13日的日记——距离实验结束仅剩几天——从中可以看出他是多么豁达。从描述其中一名乘员萨沙的生日餐，到思考艺术在太空任务中的重要性，这是一份感人的个人记录。你能想象自己处于迭戈的境地吗？在同样的情况下你也能这么自制吗？

2011年10月13日

现在是宇宙飞船舱内的清晨。当然，除了其他人血压计发出的"呜呜"声外，没办法分辨这是早晨。机器中的女声会大声读出血压，告诉你你的健康状况。血压会因为精神压力、盐的摄入和其他许多因素而升高。今天毫无压力：现在是520天中的第500天，如果你的血压或心率异常高，那肯定不是压力：一定是你的心脏在急切地渴望降落在地球上。

今天是萨沙的生日。在早餐前，他总是在他的卧室（kayutka）多待几分钟，所以我们确信有足够的时间准备一份典型的生日大餐。我们完成后，萨沙从他的房间里出来，金色的头发有点乱，当我们用至少四种语言说"生日快乐"时，他脸上洋溢着灿烂的微笑。

我们送给他的礼物包括一件T恤衫和一些他最喜欢的食

火星任务

物，其实他只要去货舱就可以吃到这些食物，但他很快就明白了这个笑话：每个人都有自己爱吃的食物，有时甚至略显滑稽。他最爱的食物是罗宋汤和巧克力棒。

还有其他更精致的礼物，包括一张由我们的同伴王跃精心创作的中国书法。他从我们开始模拟火星任务以来就一直在练习。我对这种艺术形式很着迷，因为它看起来很古老，充满了历史感。我想，要不是他忙着和我们一起模拟火星之旅，忙着训练中国航天员前往太空，那么他已经可以靠这些精美的书法谋生了！

我的礼物是一张萨沙的铅笔素描，画的是我们在模拟火星表面。尽管我并不是一个真正的艺术家，但我觉得这幅画很酷，所以我觉得萨沙会喜欢的。

在这里拥有艺术是一件很好的事情，因为它给了你一些个人满足感，让你觉得"更有人情味"。罗曼是一个非常棒的吉他手——在整个"旅程"中我们一直有乐队相伴，创造了许多精彩瞬间。对人类来说幸运的是，我们是在"没人能听见的"太空中演奏。

苏克罗伯把女儿的画挂在墙上。从这些很漂亮的画看来，她真的觉得自己的父亲来自火星或某个遥远的地方。这与卡莫洛夫医生更现实、更实用的做事方式形成了鲜明对比！但我很喜欢他的孩子留在飞船上的那些画。

我认为在太空中，你真的需要艺术家（真正的艺术家）。我没开玩笑。没错，你肯定需要我们这些工程师、医生或科学家，否则你可能哪儿都去不了，但我认为，最终火星上有画家和诗人更重要。

记得我上学的时候，我看到欧空局惠更斯号探测器在土卫六表面着陆。这些画面令人费解。仅仅几秒钟的视频，每一秒，你都会发现越来越多的外星表面，每一刻，都会看见一些以前没人见过的东西。对我来说，这是纯粹的美丽。我确信，为了帮助我们更好地了解这颗神秘的卫星，探测器去那里收集所有数据是一次相当冒险的经历。但是这个神奇的人造探测器能好好欣赏它眼前的美景吗？空降到如此迷人的地方，它是否感到害怕？很难说。

人类的一个特殊之处在于，有能力将我们看到的、听到的、体验到的东西转化为一种具有灵魂的"媒体形式"——艺术。

如果达·芬奇被派往火星，站在太阳系最高的山峰奥林波斯山（Olympus Mons）顶端欣赏日出，会发生什么？如果米开朗基罗去到土星旁看见太阳光透过土星环，又会发生什么？这可能是太阳系中最漂亮的光影秀。如果他们随身带着油画颜料和画布呢？

萨沙继续拆他的礼物。有人说，他的生日距离任务结束已经如此之近了（是整个任务期间的最后一个生日），想想在最开始我们过第一个生日时，这一切看起来有多么遥远。时间并没有飞逝，但一切总会结束。

现在旅程即将结束，我确信这不是一次真正进入宇宙的旅程，而是一次了解我们自己和思想的旅程，认识到尊重和沟通对于团队正常运作是多么重要，与现实世界的联系是多么不可或缺。尽管在这种特定环境下，联系可能很脆弱。

很少有地方能让你的人性变得非常明显，你与其他人之间的所有联系，无论是在团队内部还是外部，都变得"肉眼可见"，因此需要小心照料才能维持。不知怎么的，通过"远离人类"我们最终感觉要比正常人更像"人"一些。

我认为这是一次有趣的经历。虽然你不一定百分之百地享受，但如果你有正确的心态，那么你可以让它变得更舒适更快乐。诀窍可能在于努力让这段时间比外面的生活"更好"（更有成就感、更充分利用等）。

如果你想找到利用环境创造有利条件的办法，那么这是一个很好的挑战。忘掉那些你没有的东西，榨干那些你拥有的东西的潜力，充分利用它们！这就是我的方法，有许多时光我是很享受的，因为我克服了眼前的困难，又帮助别人克服了他们的困难，也让别人帮助我克服了我的困难。诸如此类的满足是你前进的动力，它们很不起眼，但它们到处都是，等着你去把握。

萨沙吃完早餐，回到他的kayutka，在这个他刻骨铭心的生日，守候来自地面的消息。

——迭戈

专访：罗曼·查尔斯

法国人罗曼·查尔斯是与迭戈·乌尔维纳一起被选为火星-500项目的两名欧洲参与者中的另一名成员。在任务结束后，他告诉我们通过选拔，以及在俄罗斯的实验设施内度过520天究竟是什么样的感觉。

问：选拔过程中最令你惊讶的是什么？

答：在11名候选人中，有两名显然是领导者。他们非常擅长这项工作，我们所有人都希望其中一人被任命为任务的指令长，因为他们都很了不起。可惜最终他们都没有被选中。我们最终的指令长是一个知识渊博的人。他会以身作则，让事情变得容易。这对我们是很有帮助的——他带领我们取得了任务成功。

任务结束后，我还了解到，考官要寻找乐观、有创造力的人。事后来看，这很有道理，因为你有很多空闲时间，却没有那么多事情可以做。有创造力的人可以找到有趣的方式来打发时间；乐观的人则经常能找到解决问题的方法，努力向前，看到乐观积极的一面。

问：你们的团队训练中有什么样的活动？

答：想象一下，有一根管子，下面有一个大风扇，中间有一个带充气轮胎的平台。我们必须两人一组操作这个设备。如果你站在正确的位置上，你就上得去；如果你向一侧倾斜，平台就会掉下去。原则是我们必须一齐移动平台。这样的训练帮助我们相互了解。不过，我觉得我们本可以进行更多类似的团队训练。我们与那些最终没有入选的人也建立起对彼此的信任，但我们不得不说再见。

问：这段经历有什么美好的回忆吗？

答：和外面的世界一样，你也会起起落落，但总的来说，我觉得是积极的。在任务接近结束时，心情更为激动。越往好处想，结果也越好；越往坏处想，结果越糟糕。不过，这是一次成功的尝试——我们证明了航天员可以承受火星任务带来的孤独。

问：你是如何应对极度孤独的？你最怀念的是什么？

答：当我进入实验室时，我有意识地告诉自己，任何我发现自己现在做不了的事，我一定会在一年半后做。所以，面对任何渴望，或者想念的东西，我都会想：等我出去后，我就能吃了，我就能做了。几天后，这种强烈的渴望就会消失。

我记得有一次我真的很想念被水包围——跳进海里或游泳池里。这种渴望持续了好几天。另一个强烈的渴望与声音有关。我不断想象风吹过我叔叔农场田野的声音。我小的时候，会在收获季节去那里度假。风吹过成熟的小麦的声音通常是你能听到的唯一声音。我很想念这个声音，后悔没有录一段带上。

问：你们的食物怎么样？

答：很好。随着食物在任务过程中失去了多样性，我们就感觉有些无聊了，但其本身还是好的。直到后来，当我再次品尝到新鲜食物时，我才意识到新鲜食物是多么美味可口。所以我并没有特别想念食物——它只是让我在外面能更享受生活。

问：你们如何解决冲突，在你们不能假装看不见时？

答：首先，我们在训练中已经做足了准备。心理学家告诉我们，这是正常的，也很可能发生。事实是，我们在任务期间没有发生冲突。曾有过关系紧张的时刻，但从未升级为冲突，因为我们能够很早就进行沟通。我们非常开放包容地相互交谈，不会拖延，也很愿意接受乘组的意见。这样便足以化解任何潜在的冲突。

问：最大的矛盾来自何方？

答：主要是文化差异，尤其是在用餐时。其中有一名俄罗斯乘员，他习惯吃饭时保持沉默，只有在饭后喝茶或喝咖啡时才交谈。对我来说，吃饭是一个非常重要的时刻，你可以与大家交谈和分享。如果在吃饭时我向他提问，他会很生气。一开始我很吃惊，因为我没想到会有这样的反应，所以这顿饭结束得有点尴尬。然而，不到十分钟，他就来到我身边，解释了他为什么冲我发火，说进餐时间对他来说可能有些特别。只要我们了解了彼此的差异，就可以达成妥协，顺利解决问题。我会在用餐结束后问他问题，这在接下来的任务中效果很好。

测试4：彩色轨迹

火星-500项目乘组还进行了一个名为"彩色轨迹"的三人谈判游戏。他们的游戏成绩被输进"任务执行人员助理（MECA）"程序中。MECA有点像目前市场上的Siri和Alexa等人工智能（AI）助手的高级版本。人们希望与人工智能的交互能帮助人类在像火星探测这样的长期任务中，面对意外、复杂和潜在的危险情况时，做出正确的决定。该项目的目标是鼓励人类和机器以自主的方式合作。在玩彩色轨迹时，系统有时会给人类玩家提供建议。

彩色轨迹板由彩色方格组成。所有三名玩家都从标有"开始"的方格出发，尝试到达标有他们名字的方格，即玩家1必须瞄准标有"玩家1"的方格。每次只能水平或垂直移动到相邻的一个方格（不允许对角移动）。所有玩家都拥有一堆彩色筹码，玩家只有在持有相应颜色的筹码时才能移动到相邻的方块——如果你持有橙色棋子，你可以移动到橙色方块。

在采取任何行动之前，需要先进行一轮谈判。如果你没有所需的筹码，你可以选择与其他玩家协商以获得筹码。在每一轮比赛中，两名玩家扮演"提议者"的角色，而第三名玩家则是"响应者"。两位提议者都可以向响应者提出交易建议（但不是必需）。响应者可以都不接受或接受其中一个提议，但不能同时接受两个提议。如果响应者接受提议，则可交易适当数量的筹码。然后每个玩家都走一步，再进行下一轮谈判。响应者的角色按顺序转移到下一个玩家，这样每个人都有平等的机会。

每一局游戏15分钟。如果玩家在规定时间结束前达到目标，将获得50分。其他人距离目标每差一个方格就扣25分。如果没有人达到目标，那么每个人都按此计算，距离目标每差一个方格扣25分。

如果你想在家里找三个人一起尝试，那么请事先决定你们进行多少局。使用下面的网格进行游戏，最后得分最多的人获胜。

		开始		
玩家1 R	G	R	B	B
R	Y	O	Y	R
G	R	R	Y	O
R	O	O	B	玩家3 B
玩家2 Y	G	R	Y	Y

玩家1　Ⓞ Ⓑ Ⓑ Ⓖ

玩家2　Ⓑ Ⓑ Ⓨ Ⓨ

玩家3　Ⓞ Ⓖ Ⓡ Ⓡ

火星-500 : 结论

　　看过火星-500的相关介绍后，你认为自己能承受火星任务吗？你或许已经意识到前往这颗红色星球的任务所面临的独特挑战，除了本书介绍的许多其他技能外，还需要我们未来的航天员具有非凡的心理稳定性。在我执行国际空间站任务的最后几周，一艘进步号货运飞船发生泄漏，为保护空间站，所有外部窗盖必须保持关闭。虽然这与火星之旅相比微不足道，但目睹环境的突然变化很有趣。白天，阳光不再涌入舱内，很难再去判断时间，也再不会拥有在穹顶舱欣赏美景或拍照产生的快速的心理刺激。无菌实验室内的人工环境变得更加压抑，在太空的近六个月中，我第一次感到有点受限制。这足以让我意识到，我们正在进行的深空任务心理学研究，将在确保第一批造访这颗红色星球的人类探险者的身心健康方面发挥至关重要的作用。

　　另一项吸引人的长期人类实验也为航天员在其他星球上的生活需求提供了新的线索，其中包括在地球上最遥远的地方之一——南极洲进行的隔离研究。

南极协和站

地球上像南极那样遥远的地方并不多。南极协和站位于距离公海 1 000 千米的冰冻高原上，是一个为长期载人航天飞行做准备，进行隔离研究的好地方。贝丝·希利（Beth Healey）医生代表欧洲空间局在那里生活和工作了一年。她将告诉我们与世隔绝的生活是什么样的，以及这如何帮助我们为不远的未来的火星之旅做好准备。

问：你是怎么被选中去南极的？

答：和航天员一样，在初次申请后，我必须经过大量的医学和心理测试。我还不得不进行著名的罗夏测试（Rorschach test），作为与心理学家深入访谈的一部分。在前往南极之前，我们在欧洲航天员中心接受了人类行为与表现的训练——这也和真正的航天员一样。

问：申请时你在做什么？

答：我刚刚完成初级医生培训，在伦敦工作，但我已经在极端环境中做过一些医疗工作了。我在格陵兰岛工作了三个季节，并加入了西伯利亚黑冰挑战赛（Black Ice Race in Siberia）和北极马拉松赛（North Pole marathon）的医疗保障团队，所以我已经习惯在这些充满挑战的环境中作为团队的一员开展工作。

问：为什么用南极协和站代替（模拟）长期载人航天？

答：首先，那里的温度从未真正超过-70℃。南极的冬季还有105天太阳不会升起。这两个因素使我们无法在这段时间内撤离南极。没有飞机能飞过来接我们，这是真正的隔离。目前，在国际空间站，如果航天员出现医疗紧急情况，他们可以在半天内撤离。而在前往火星的过程中，这是不可能的，这就是为什么我们要使用协和站这样的地方来观察长期隔离对飞行乘组的心理影响。

问：对你来说，经历过最难的部分是什么？

答：黑暗，那是一场真正的斗争。它完全打乱了我身体的自然睡眠-觉醒节律，我遇到了很多麻烦。这对大多数试验队员来说都是一样的。很难人为地重新创造出与太阳相同的光线。你没办法正常入睡或苏醒——你进入了半冬眠的状态。太阳是一个我们都很熟悉的东西，当你失去它时，你会感到与家乡的生活脱节。当它重回大地，全体人员士气大振。几乎就在一瞬间，我们就有了更多的能量，尽管刚回归时太阳只在地平线上冒了几分钟的头。

问：你在那里度过的最美好的时光是什么？

答：还是黑暗，这多少有些奇怪。我是指我们看到了令人惊叹的极光和美丽的夜空。这和地球上的任何事物都不一样——你只需在早餐时间或午餐时间走出家门，就能看到整个银河像拱门一样出现在头顶。此外，在南极洲过冬是我从小到大一直在考虑的冒险。感觉自己为人类航天的未来做出了贡献，这也是一件很特别的事情。

问：团队的活力如何，考虑到你们住得如此之近？

答：这真的很有趣，因为你并不能选择和谁一起去那里。我之前最担心的是孤独，但事实证明这不是一个问题。恰恰相反，你不可能离开别人。我还以为会有很多公开的冲突，会彼此争吵，会有很多戏剧性的事情发生，但事实上并没有。没有人愿意被视作坏人，所以你会有很多隐藏的行为。有一个很好的例子，一个不喜欢我的人曾经把我所有的东西都藏了起来。我至今都不知道是谁，但这几个月就像是心理雷区。这就是你会看到的那种非常经典的行为，而不是公开的剧烈争吵。人们找到了其他方法来对付那些他们不太喜欢的人。每个人都变得很狡猾。

问：为什么会这样？

答：每个人的行为都受到团队其他成员的密切关注，我们都非常清楚自己的行为会被其他人看在眼里。由于我是个年轻女孩，我发现有些人会在大家面前主动表现得对我不那么友好，这样他们就不会因为喜欢我而被取笑。大家都不想被看到自己对谁过分友好……这种情况也适用于拍科考站领导马屁。这比你在正常生活中经历的要明显得多。与世隔绝的生活会放大一切。

问：根据你的经验，你会给将来去火星旅行的人什么建议？

答：要清楚自己的动机，为什么要这样做。如果你在任何时候陷入挣扎，你都可以回头想想这个问题。我真的对我们从事的科学充满热情，所以这成为我的一大关注点。我很清楚我为什么会在那里。如果你这样做是为了钱或荣誉，那它难以为继——会很快消失的。

最重要的是，至少有一个真正的好朋友。只要有一个合得来的人，我想你就可以处理任何事情。在南极协和站最挣扎的人，是那些与每个人都相处得很好，却没有一个可以倾诉一切的人。

测试3：情绪日记回顾

在第215页上，我要求你记录下你一周的日常活动和感受，并录下你朗读《伊索寓言》"北风与太阳"的节选的声音。只有当你完成了这项任务，才能阅读以下文本。如果没有，那么你可以在完成情绪日记和录音后再进行测试5。

科学家早就知道，言语是一个人心理状态变化的重要指标。在火星任务中，如果乘员情绪低落，及时发现预兆尤为重要。在南极协和站进行了一项"可乐实验"（全名为"通过计算机分析语言现象进行心理状态监测"，缩写为COALA），以了解在极度隔绝时期语言与心理状态之间的联系。参与者要完成视频日记，以及朗读"北风与太阳"中相同段落的视频。

然后将这些视频记录与两个阅读同一寓言的其他人的数据库进行比较。一个数据库基于季节性情感障碍（SAD，有时被称为"冬季抑郁症"）患者；另一个基于健康人，这些人在诊断抑郁症的问卷中得分偏低。研究人员发现，从语速、停顿时间和情感强度等因素能看出抑郁症患者的言语发生了显著变化。

你能否从日记和朗读段落时的差异中找到你的思想和感受的联系？对于未来的火星航天员来说，这种自我意识是一种很好的技能。不过，请记住，你所做的日记练习只是一个小样本，不能用于诊断任何疾病。

就火星任务而言，在南极协和站进行的类似研究可能会成为预警系统的基础。如果其中一名乘员的言语发生变化，暗示其情绪低落的风险增加，就会触发系统警报。

测试5：罗夏测试——你看到了什么？

1921年，德国心理学家赫尔曼·罗夏（Hermann Rorschach）根据大量墨迹图发明了一种心理测试。在航天员选拔过程中，我们在长达一小时的一对一心理面试中也接受了这个测试，以便选拔人员审查我们的性格特征和情感功能。贝丝·希利被选中前往南极协和站前也接受了同样的测试。因此，这项测试很有可能成为未来航天员选拔过程的一部分。

罗夏测试是由专业人员在特定条件下进行的，本书无法完全复制，但是，看看下面的图片——你看到了什么？这是一个非常主观的实验，可以进行多种解释。你的答案是不是最常见的？还是说你的看法与大多数人不同？

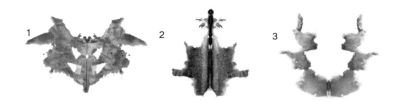

最常见的答案：

1. 蝙蝠、蝴蝶、飞蛾。

2. 兽皮、皮肤、地毯。

3. 人的头或脸（尤其是妇女和／或儿童）。

罗夏测验是出了名的模糊——你几乎可以看到任何你能想象到的东西。你也可能非常发愁，考官希望你看到什么。在我们的案例中，即2008~2009年的选拔过程中，并没有什么正确或错误答案，实事求是就行了。

在太空飞行的早期，美国航天局对水星计划——将一位美国人送入太空的计划——的预备航天员开展了同样的测试。候选人艾伦·谢泼德（Alan Shepard）和皮特·康拉德（Pete Conrad）坦率地讨论了教练员可能有什么要求。谢泼德——第一位进入太空的美国人——说服康拉德，男子气概也是这项工作的要求，于是康拉德对看到的每张卡片都给出了与性相关的答案。当看到一张空白卡片时，他调侃说自己无法解读，因为心理学家把卡片拿颠倒了，这凸显了他对考试的不屑。不幸的是，医疗小组没能理解康拉德的幽默感，他没能达到标准。不过，他后来入选阿波罗计划，并在1969年11月成为阿波罗12号任务的指令长，成为第三位登上月球的航天员。

最后：航天员结业

在本书中，你会发现，成为太空探险家需要技巧、毅力和努力。在现实世界中，这也需要耐心和相当一部分的运气。为了最大限度地提高你入选的机会，如尤里·加加林所说，如果你选择沿着这条"星星之路"走下去，那么这里还有一些最后的建议。

这绝不是你的第一份职业。选拔人员希望看到你在各类学科中获得了一定技能的证据，所以不要期望在你三十几岁前就被选中。这就是为什么在人生的早期，发现是什么激励着你并沿着这条路坚持走下去是如此重要。如果你真的对某件事充满激情，那么你的第一次职业选择就很可能带你走向成功。你需要相关学位和多年技术领域工作经验。密集的选拔过程会考验你的团队合作能力、解决问题能力和沟通能力。通过这些测试后，你将面临一系列体检。航天局在早期阶段所期望的许多品质都是由你的个性决定的，并非后天习得的。如果你无法掌控一些事情，那么就试着不要去担心。相反，将它作为一个难得的机会去享受它，看看你是如何达到这颗星球上最细致的选拔过程之一的标准的。

很少有工作需要如此全身心投入，所以如果你成功了，就得把你的生活——以及你家人的生活——交给这个事业。你很可能需要搬去别的国家，学习新的语言，并花费数年时间进行训练。作为一名太空探索的使者，媒体将给予你极大的关注，你必须适应频繁的公众活动——你从前的职业生涯可能不曾让你为之做好准备。

然而，你的奖励是一次无与伦比的冒险和奇迹的体验。在太空中自由飘浮，以及令人瞠目结舌的地球美景，这些记忆将永远伴随着你。太空行走是你一生最独一无二的经历。你将成为一支令人难以置信的国际团队的一员，一起突破极限，为人类永久存在于整个宇宙中奠定基础。

正如我们在本书中分析的那样，航天局对航天员的要求已经发生变化了，这取决于具体任务。航天员是充满男子气概的男性战斗机飞行员的日子一去不复返了。关于早期的太空旅客以及他们具备哪些"合适的特质"，已经有了很多研究。平均而言，阿波罗航天员是32岁的男性，曾是喷气战斗机飞行员，拥有一辆雪佛兰，已婚，有两个孩子和一条狗。但现代太空旅行不同。航天局不再寻找能进行短距离、高风险的飞行的无所畏惧的个人。相反，他们正在寻找冷静的团队成员，能够在与世隔绝的环境中一次生活和工作几个月。性别和种族等因素无关紧要。只要你足够优秀，那就可以了。最后，今天的航天员正在测试能够让我们在本世纪晚些时候将人类送上火星的技术和科技——能够参与这样的事业是一种荣幸。

你可能会认为你要么具备了相关条件，要么没有。虽然就某些个体特质而言，这可能是对的，但有些需要的技能是可以学习的。我就是这样。成为一名航天员意味着拥有高度的自我意识，了解自己的优势和劣势。试着养成成长型思维——将失败看作是学习和发展的机会。一定要坚持下去。面对逆境时的坚定决心是一项很棒的技能，也是选拔人员很看重的技能。航天员不会祈祷，希望得到最好的东西，这不是我们应对风险的方式。做任何事都要一丝不苟。

成为第一支踏上火星的探险队的一员，可能是你能想象的最令人兴奋的事。这将扩大人类在太阳系的存在，并为未来的移民铺平道路。祝你好运，志存高远！

致谢

首先，如果没有欧洲空间局所有参与该项目的人员表现出的卓越的奉献精神、专业和慷慨，这本书是不可能完成的。特别要感谢罗西塔·史温生（Rosita Suenson）为本书出版所做的一切努力，感谢她的创意，也感谢她组建了一支超级撰稿人团队。感谢所有接受航天员选拔过程采访的人，是你们精彩的见解塑造了这本书，也将塑造载人航天的未来。特别感谢洛雷达娜·贝松（Loredana Bessone）、罗曼·查尔斯（Romain Charles）、安东尼奥·福尔图那托（Antonio Fortunato）、贝丝·希利（Beth Healey）、鲁迪格·塞纳（Ruediger Seine）、埃尔维·史蒂文宁（Hervé Stevenin）、格哈德·蒂勒（Gerhard Thiele）、迭戈·乌尔维纳（Diego Urbina）、纪尧姆·韦尔茨（Guillaume Weerts）、伊亚·怀特利博士（Dr. Iya Whiteley，伦敦大学学院）。感谢朱利安·哈罗德（Julien Harrod）对本书内容的支持及提出的所有建议。感谢卡尔·沃克(Carl Walker)的建设性的编辑工作。

感谢科林·斯图亚特（Colin Stuart）为本书的撰写和研究所做的杰出且不懈的工作。感谢埃德·格雷斯（Ed Grace）绘制的精彩插图，巧妙地传达了非常复杂的想法。感谢罗杰·沃克（Roger Walker）把一切都设计得如此精美。感谢苏珊娜·海伊（Suzanne High）在逻辑谜题上展现出来的杰出才能。感谢凯蒂·斯特克尔斯博士（Katie Steckles）仔细检查了书中许多最棘手的谜题。

最后，我要感谢企鹅兰登书屋基石出版社的优秀团队对本项目的辛勤工作和付出：本·布鲁西（Ben Brusey）、乔安娜·泰勒（Joanna Taylor）、琳达·霍奇森（Linda Hodgson）、杰森·史密斯（Jason Smith）、夏洛特·布什（Charlotte Bush）、瑞贝卡·伊金（Rebecca Ikin）、莎拉·里德利（Sarah Ridley）、莎拉·哈伍德（Sarah Harwood）、爱丽丝·斯宾塞（Alice Spencer）、丹·斯迈利（Dan Smiley）、马特·沃特森（Mat Watterson）、克莱尔·西蒙兹（Claire Simmonds）、凯利·韦伯斯特（Kelly Webster）、卡拉·康奎斯特（Cara Conquest）、皮帕·赖特（Pippa Wright）、凯瑟琳·特纳（Catherine Turner）、卡恩·劳伦斯（Khan Lawrence）、赛琳娜·沃克（Selina Walker）和苏珊·桑登（Susan Sandon）。

图片来源

插页1

第1页，生存训练：所有图片©ESA—V.Crobu。

第2页，生存训练（续）：所有图片©ESA—V.Crobu。

第3页，生存训练（续）：所有图片©GCTC/ESA。

第4页，生存训练（续）：所有图片©GCTC/ESA。

第5页，洞穴训练：顶图©ESA—R.DeLuca；底图©ESA/NASA。

第6页，洞穴训练（续）：所有图片©ESA—V.Crobu。

第7页，洞穴训练（续）：图片©ESA—V.Crobu。

第8页，洞穴训练（续）：顶图©ESA—V.Crobu；底图©ESA/NASA。

插页2

第1页，中性浮力训练：顶图©ESA—E.T.Blink；中图©ESA—H.Rueb；底图©ESA—S.Corvaja。

第2页，中性浮力训练（续）：所有图片©ESA—S.Corvaja。

第3页，极端环境任务行动：所有图片©ESA—Hervé Stevenin。

第4页，极端环境任务行动（续）：所有图片©ESA—Hervé Stevenin。

第5页，离心机训练：所有图片©GCTC/ESA。

第6页，离心机训练（续）：所有图片©ESA—S.Corvaja。

第7页，零重力训练：顶图©ESA—A.Le Floc'h；中图©Novespace/ESA；底图©ESA—A.Le Floc'h。

第8页，零重力训练（续）：顶图©ESA—A.Le Floc'h；中图©ESA/NASA；底图©ESA/NASA。

第118页，面部表情照片©Photo Researchers/SCIENCE PHOTO LIBRARY。

生存训练

1965年3月19日，俄罗斯"上升2号"宇宙飞船试图重返地球大气层时，主制动火箭失灵。虽然包括指令长帕维尔·贝利亚耶夫（Pavel Belyayev）和阿列克谢·列昂诺夫（Alexei Leonov）在内的乘组成员幸运地安全着陆，但着陆点在一片狼熊丛生的森林里，偏离航线300多千米。随着夜幕降临，气温下降到−30℃。第二天，救援队不得不带着食物、水和木材滑雪到着陆点，点燃火把，其他人则砍倒树木，清理出一片区域，让直升机降落。乘组成员最终获救，而情况本可能更糟糕。

"上升2号"的故事提醒我们，太空旅行并不总是按计划进行的，重返大气层尤其可能会出错，返回舱可能会在危险环境中着陆。这就是为什么一旦你被选为航天员，就得接受生存技能培训。你必须为在地球上的任何地方着陆做好准备，包括海洋、沙漠、雨林和冰川。

2010年，我和其他几位预备航天员（总共五个人，都是2009级的学员）在荒野中生活了两周。我们被扔下直升机，在海上漂流，被遗弃在炎热的地中海阳光下。虽然周围有一些教练，但我们基本上只能靠自己。

在生存训练中，航天员还学习了其他重要技能，包括在悬崖上攀爬和下降、穿越河流和借助星星导航等。我们学员班还学习了用药和急救，学习了如何使用航天器上的硬件，并改变其用途，以便生存下来。在一次演习中，由于我们手边没有航天器，所以我们拆了一辆旧车，用零部件搭了庇护所，制作陷阱和圈套来捕猎和抵御敌对动物，还制作了捕鱼设备。

一旦你被指派执行航天任务，你就要开始学习与特定航天器和环境有关的更全面的技能。如果你乘坐俄罗斯联盟号宇宙飞船，就像我往返国际空间站时所做的那样，那么你将前往莫斯科附近的尤里·加加林航天员培训中心，在那里进行冬季生存训练。

联盟号返回舱的模型被放置在雪地里，我们不得不换上保温服来保暖。我们一共穿了五层衣服，这是非常必要的，因为外面的温度达到了−24℃。然后我们砍了一些树木生火，并用联盟号的降落伞搭建了一个临时庇护所。我们必须在那里生存两个晚上——与列昂诺夫和贝利亚耶夫在1965年被困的时间相同。

生存训练还包括联盟号海上着陆训练。这是不寻常的，因为联盟号宇宙飞船本应降落在陆地上，但我们必须知道，一旦它降落在海上，我们该怎么办。毕竟，超过70%的地球表面被水覆盖，如果从太空紧急返回，我们可能没有太多的着陆点可以选择。

最大的挑战之一，就是在非常拥挤的环境中换衣服。为了在水中生存，乘员得将加压航天服换成全套热防护服和浸水保温服。所有这些都是在狭小的、舱门紧闭的、在水面上上下起伏的联盟号返回舱内完成的。为了增加我们的不适感，这项训练还是在盛夏进行的。舱内的温度会迅速上升到32℃左右，我们在里面待了大约一个小时。在那段时间里，光是出汗，我就减掉了将近2.5千克。不用多说，最终离开返回舱，扑进冷水中是一种巨大的解脱。

洞穴训练

　　随着你深入撒丁岛的萨格鲁塔洞穴，阳光逐渐消失。很快，你安全帽上的手电筒将成为唯一的光。在接下来的六天里，这个迷宫般的狭窄隧道和大教堂大小的空间就是你的家。作为任务训练的一部分，你来到这里，参加评估和锻炼人类行为和表现（HBP）技能的合作冒险（洞穴）计划。

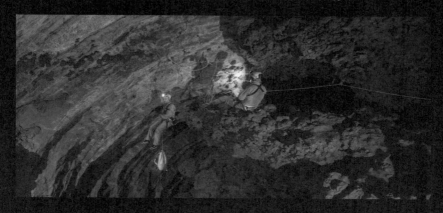

　　为什么地中海洞穴是进行太空训练的好地方？乍一看可能不太明显。然而，这种环境与轨道上的生活有许多相似之处。在洞穴中，你们必须作为一个团队，共同使用钢丝绳和攀爬绳进行一系列垂直攀爬、下降和穿越动作。这就像是在国际空间站外进行太空行走。你必须记住如何回到安全的地方——无论是回到太空中的密封舱还是地球上的洞口。如果有人滑倒受伤，你们也很难快速得到救援。你必须时刻保持警惕，密切关注安全机制。像航天服一样，探洞服是保护你的必要装备。

在洞穴训练期间所经历的与世隔绝与太空生活惊人地相似，因为与外部的交流仅限于每天两次无线电广播。在地下，你很容易失去时间感，不得不严重依赖手表。这与国际空间站的条件很相似。国际空间站绕地球轨道快速运动，这意味着你每45分钟就会经历一次日出或日落，所以在缺乏自己所习惯的自然节律的情况下，人为的时间感对完成计划至关重要。

你在洞穴里真正的目的，是学习在一个充满挑战的环境中进行团队合作、解决冲突和决策。在这个环境中，风险是司空见惯的，安全是至高无上的。它本质上是一个深造班，旨在培养航天员的人类行为与表现训练所涵盖的所有技能（详见第96页）。

在洞穴训练期间，你的"同洞中人"通常来自世界各地不同航天局，这意味着有多种文化和方法。这在一定程度上是为了模拟国际空间站及其国际乘组的工作条件。负责指导我洞穴训练的教练洛蕾达娜·贝松（Loredana Bessone）说："想象一下，你要和一群刚在工作中认识的人执行为期六个月的任务。一周后，你会开始对他们吧唧嘴或者随手乱扔袜子的毛病感到恼火。"洞穴训练提供了一个真实的机会，你可以在那里学习如何在高风险且没有隐私的地方解决这些困难。贝松说："你们必须发展出一套共同的文化，从错误中历练，作为团队一同成长。"

俄罗斯航天员谢尔盖·科尔萨科夫（Sergei Korsakov）、欧洲空间局航天员佩德罗杜克（Pedro Duque）、中国航天员叶光富（Ye Guangfu）、日本航天员星出彰彦（Aki Hoshide）、美国航天局航天员瑞奇阿诺德（Ricky Arnold）和杰西卡·梅尔（Jessica Meir）正在探索撒丁岛的洞穴。

在洞穴训练期间实现团队凝聚力的一种好方法，是同时进行语言交流和非语言交流。就像汽车的指示灯会告诉其他驾驶员它将如何行动那样，向你的同伴或太空中的航天员提供类似的信号，将确保整个任务执行更加顺利。在洞穴训练过程中，随着你渐渐了解你的同伴，我们鼓励你去留意他们偏离常规的行为。如果一个原本大声说话的人突然安静下来，或者一个原本和声细语的同事突然开始提高嗓门，这都可能是某个问题的早期征兆，所以最好在事态升级到可能危及乘组安全前采取行动。寻找这些小线索是航天员环境感知训练的一部分（见140页），也是冲突管理弥足珍贵的组成部分；尽早发现可能的冲突点，你就可以在它发展成更大的问题之前解决它。团队凝聚力对国际空间站的日常运作至关重要。

团队合作

国际空间站

中性浮力训练

在巨大的水池中模拟失重状态所依据的原理是"中性浮力"。对身处水中的航天员来说，所谓中性浮力就是指自身重量或浮力装置抵消了漂浮或下沉的自然趋势。尽管这与太空中真正的失重环境并不完全相同，但航天员可以在水中练习如何进行舱外活动（EVA，俗称"太空行走"）。

在欧洲空间局位于科隆的中性浮力设施（NBF）中，航天员学习了舱外活动的基本概念和技能，例如如何将自己拴在国际空间站上，如何使用特殊工具，如何与正在进行太空行走的乘员或控制室交流，以及如何在复杂且充满挑战的环境中保持全面的环境感知。

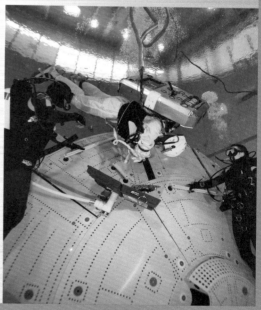

NBF 水池配有国际空间站欧洲哥伦布舱的全尺寸模型，可以放入水中，让航天员在地球上模拟太空环境训练。水池最深处达 10 米，足够容纳舱体、航天员与教练员。

真实情况下，一次太空行走通常要持续6~8小时。你需要拥有足够的耐力和保持注意力高度集中的能力。

一旦欧空局航天员在科隆完成基础训练，他们将前往美国航天局（NASA）位于得克萨斯州休斯敦约翰逊空间中心附近的中性浮力实验室（NBL）。那里有一座62米长、31米宽、12米深的水池，是美国最大的室内水池，容积为2 350万升，几乎能容纳国际空间站的全尺寸模型。

在NBL中，航天员身着全套航天服（复制品）。每套航天服重约135千克，所以如果在水池外穿着航天服的话，我们会被绑在一个金属架上，再利用起重机吊入水池。两条26米长的像脐带一样的线缆为我们提供水下作业时所需的空气。

极端环境任务行动

"宝瓶座"是一个位于海底深处、紧邻珊瑚礁的水下栖息地，距离佛罗里达海岸约6千米。通常只有海洋生物学家驻扎在这里，但偶尔也会有一批航天员作为NASA极端环境任务行动（NEEMO）的队员来到这里。

"宝瓶座"与世隔绝，非常适合为未来太空飞行任务做准备。如果发生紧急情况，需要17个小时才能安全减压返回地面——这甚至比从国际空间站返回所需的时间更长。

在我们为期12天的"宝瓶座"训练之旅中，其中一项任务是评估载人小行星探测任务。小行星比行星小得多，这意味着它们的引力很小。在小行星上，你的体重可能还不及地球上一袋1千克糖的重量。只要做错一步，你就会飘向太空。因此，我们要寻找在小行星上固定自己、辨识周围方向和进行科学实验的方法。

我们使用了一个喷气背包和两个装有脚蹼的深水潜水器，后者与我们在国际空间站外进行太空行走时将靴子绑在护板上的情况类似。

离心机训练

在训练期间，航天员能在星城——位于莫斯科郊外的俄罗斯航天局训练中心体验到最接近发射的感觉。这里有世界上最大的离心机——18米的长臂在圆形屋子里旋转。长臂的末端是一个根据联盟号飞船内部设计的舱室，配有显示面板、旋钮和仪表盘。

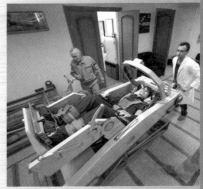

随着长臂加速旋转，它会产生很高的重力，让你感觉比平时重了许多。科学家用你感受到的正常的地球引力——1g——的倍数来描述重力。重力越大，就表示有更强的力将你压向座椅。教练一开始会比较温和，在第一次体验时只让你感受大约4g的加速度。

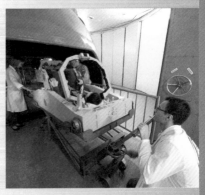

在第一次坐进离心机之前，你已经学会了一些如何应对不断上升的重力的基本技巧。呼吸是关键。你会感觉胸部无法轻松地呼吸，因为你的胸腔正在努力承受高重力。你必须像做卧推一样"锁好"你的胸部，然后进行腹式呼吸。这需要一些练习。

一旦你习惯了离心机，教练会让你体验联盟号发射过程，让你在离心机里待上近九分钟——在承受高重力的情况下，这是一段十分漫长的时间！你经历了发射的所有阶段，包括火箭分离和重力下降，然后随着你向国际空间站加速，重力会再次增加。

与人们的普遍看法相反，离心机不会让你感到头晕或恶心。尽管它确实在旋转，但它并不像你脑海中浮现的游乐场设施。太空舱位于铰链上，这意味着你总是通过胸部感受重力，就像在联盟号发射或返回时一样，你甚至不会注意到自己在旋转。

零重力训练

为了适应微重力环境下的生活，航天员会在一架俗称"呕吐彗星（Vomit Comet）"的，经过改装的空中客车喷气式客机上生活一段时间。它会在天空中飞出一系列钟形（抛物线）轨迹。飞机可以容纳40名乘客，为了保护他们，舱壁、天花板和地板上都有衬垫。

飞机从正常跑道起飞后，爬升到6 000米。从那里开始，飞行员以大约45°的爬升角拉起飞机，将飞机带到8 500米左右的高度，在此过程中会提供大约2g的重力加速度。飞行员逐渐向前推操纵杆，开始进入零重力飞行阶段，直到飞机处于大约45°的俯冲角。在这段持续约25秒的零重力期间，乘客将处于失重和自由落体状态。最后，飞行员停止下降，飞机在6 000米处再次保持水平直线飞行。

在零重力训练中，航天员要学习如何在失重状态下移动身体。例如，你必须用你的手臂转动整个身体。我们会练习用脚钩住扶手，以稳定自己，这样才可以工作。学习如何在失重状态下喝水是非常有趣的，你会看到水在你面前形成微小的液滴。这种训练对我在轨道上的生活很有帮助，我能够向地面上的学生展示水不同寻常的变化。

整个抛物线飞行会持续三个半小时，航天员在这段时间内通常能体验大约三十次短暂的失重。作为在国际空间站生活的准备，每一秒都很珍贵。